科学家之梦
DREAMS OF
SCIENTISTS

U0177752

Explore Extraterrestrial Life

地外生命 寻踪

欧阳自远
王乔琦 ◎著

 上海科技教育出版社

作者简介

欧阳自远 天体化学与地球化学家，中国科学院院士，发展中国家科学院院士，国际宇航科学院院士。1960年中国科学院地质研究所研究生毕业，现任中国科学院地球化学研究所研究员、国家天文台高级顾问。长期从事各类地外物质、月球科学、比较行星学和天体化学研究，取得一系列创新性成果，是我国天体化学学科的开创者。近20多年来，主要从事中国月球探测与太阳系探测的科学目标与载荷配置研究，是中国绕月探测工程的首任首席科学家，现为月球探测领导小组高级顾问。曾获国家科学大会奖、中科院及国家自然科学奖、国家科技进步奖特等奖、国防科技进步奖特等奖、全国先进工作者等奖项。

王乔琦 毕业于南京大学天文系，译著有《发现天王星》《万物发明指南》《物理世界的数学奇迹》等。

内容提要

地球之外是否还有生命？若有，他们在哪儿？是否具备了同人类相当，甚至更高的智能？有朝一日，我们能否与他们建立联系？古往今来，人类对地外生命的思考与探索从未停息。本书深入浅出地介绍了科学家们对这些问题的不断认知，以地球生命为模板，生动介绍了人类探寻地外生命的方法及历程，并在最后对未来中国深空探测提出更高的期许。尽管地外生命的众多问题至今仍无答案，但通过人类的不断努力，答案已离我们越来越近，让我们翘首以盼。

目 录

引 言

2014 年 3 月，美国国家航空航天局（NASA）的开普勒空间望远镜在天鹅座发现了一颗行星，围绕着一颗红矮星公转，该行星被命名为开普勒 186f。开普勒 186f 距离地球约 500 光年，位于开普勒 186 行星系的宜居带中，直径约为地球的 1.1 倍，不仅大小与地球相似，而且与所环绕的母恒星的距离也不远不近，使其地表有可能存在液态水。这颗行星的各种特性，使其可能拥有与地球相似的特征，甚至有可能孕育生命！

2019 年 7 月，NASA 宣布凌日系外行星巡天卫星（Transiting Exoplanet Survey Satel-lite，简称 TESS）发现了 73 光年外的 3 颗太阳系外行星，大小介于地球和海王星之间。新发现的这 3 颗行星围绕太阳附近的同一颗恒星旋转，科学家将这一系统命名为"TOI 270"。其中岩质行星 TOI 270b 比地球大 25%，距离母恒星

图 I　系外行星开普勒 186f 的艺术想象图。1 为开普勒 186f,2 为它所环绕的明亮的母恒星。

图 II　地球和开普勒 186f 的日落景象艺术想象图对照。

TOI 270较近，表面温度高；TOI 270c和TOI 270d主要由气体构成，体积分别是地球的2.4倍和2.1倍。这3颗系外行星中距离母恒星最远的TOI 270d平均温度约66 ℃，这意味着其有可能孕育某种类型的生命。而且，科学家认为TOI 270系统中可能存在比TOI 270d轨道更远、处在宜居带之内的岩质行星。这一发现，令人激动不已！

人类为何要锲而不舍地寻找系外行星？这也许源自我们灵魂深处的3个"终极问题"：

第一，我们从哪里来？

第二，我们是宇宙中孤独的文明吗？

第三，地球资源枯竭后，我们要到哪里去？

"人类在宇宙中是否孤独"是最古老的哲学问题之一。自人类仰望星空的那一刻起，"浩瀚宇宙中是否还有别的地方存在生命"这个问题就出现了。2005年，《科学》（Science）创刊125周年之际，提出了125个最具挑战性的问题，"地球人类在宇宙中是否独一无二"就是其中的第11个问题。地球之外是否还有生命？若有，这些生命是否具备了同人类相当，甚至更高的智能？有朝一日，我们能否与他们建立联系？这个贯穿人类历史的问题至今仍没有答案，但凭着我们这些地球生物的努力，答案离我们越来越近。

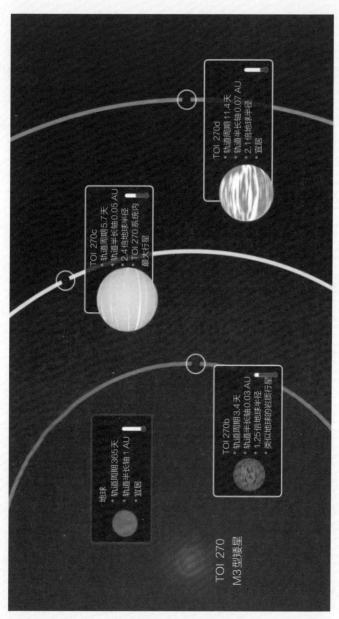

图Ⅲ TOI 270系统。

迄今为止,科学家已经发现了4000余颗系外行星。通过对不同类型系外行星的气候模拟,表明某些环绕遥远恒星的系外行星可能存在种类和数量均超过地球的生命。也就是说,这种行星的生物圈要比地球更为丰富多彩,而地外智慧生命也许就存在于其中的某颗行星上。

第1章

地外生命是否存在

仰望星空，很多人都会心生遐想，渴望在那茫茫的未知世界中，有和我们一样的智慧生命存在。答案究竟如何呢？

1.1 外星人的传说

自人类步入文明时代以来，就一直畅想着浩瀚宇宙中有我们的同类。纵观古今中外，有关外星人(或者说"宇宙中的其他智慧生命")的传说层出不穷，如UFO、麦田怪圈这些本可以用其他成因解释的现象，都被一些人说成与外星人有关联了，且信者甚众。其中，最有名的当数月球人和火星人的传说。

以火星人为题材的作品流传甚广，例如，威尔斯(H. G. Wells)1898年的科幻小说《星际战争》(*The War of the Worlds*)。威尔斯在小说中描绘了火星人入侵地球的故事，脍炙人口。有关月球人的传说，我们就更熟悉了。"嫦娥奔月""吴刚伐桂"的故事算得上家喻户晓，如果确有其事的话，那嫦娥、吴刚肯定就是最出名的月球人了。

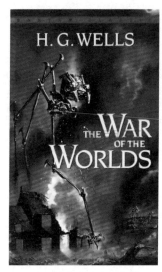

图1.1　威尔斯的科幻小说《星际战争》封面。

随着科学的发展、技术的进步，人类逐渐掌握了更多探测月球、火星的手段，也进一步揭示了这两个天体的本来面目。1964年，美国的火星探测器"水手4号"（图1.2）飞掠火星，发回了第一张火星照片。照片上的火星到处都是撞击坑，没有一丝一毫生命存在的迹象，有关火星人的各类传说自然不攻自破。

而有关月球人的传说则幻灭得更为彻底。1969年，人类宇航员在月球表面留下了第一个脚印，却发现月球的环境状况甚至比火星的还要恶劣，不仅是撞击坑遍布，甚至已经落满了厚厚的灰尘。2013年，我国发射的第一辆月球车

图1.2　"水手4号"火星探测器。

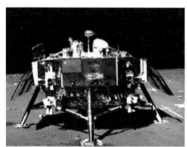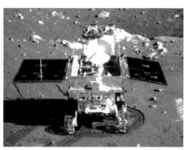

图1.3 "嫦娥三号"的着陆器(左)和巡视器(右,即"玉兔号"月球车)。

"玉兔号"(图1.3)成功登月后,也同样证实了月球的荒凉。

纵然现实情况如此"无情",但目前没有发现外星人存在的证据并不代表外星人不存在。在技术手段仍旧相对有限的情况下,科学家们提出了许多讨论外星人是否存在的理论,其中最著名的当数费米悖论和德雷克公式。

1950年,物理学家、诺贝尔奖得主费米(Enrico Fermi)在与同事共进午餐闲谈至外星人话题时,突然问道:"他们都在哪儿呢?"这就是费米悖论的源头,其核心内容是:如果宇宙中的确存在外星人,那么以宇宙之浩瀚、恒星数量之多,外星文明的数量绝对不少且其技术水平也应该不低,可为什么没有任何确凿的证据能坐实他们的存在呢?

自那之后,无数科研人员和能人志士提出了自己对费米悖论的解答,涉及领域甚广,天文学、物理学、生物学、社会学乃至心理学无所不包。天体物理学家韦伯(Stephen Webb)整理了75种费米悖论解答,相当全面地阐述了这个问题,有兴趣的读者可以参阅《如果有外星人,他们在哪》(*If the Universe Is Teeming with Aliens... Where Is Everybody?*)一书。

需要注意的是,目前这些解答中没有一个能真正解决(甚至是接近解决)费米悖论,它们最多只能算是停留在"假说""猜想"阶段。而造成这种现象的最重要原因则是宇宙实在是极为浩瀚,具有孕育高等外星智慧生命潜力的星球数量非常之多。那么,这个数量应如何定量计算呢? 最为知名的方法之一就是德雷克公式。我们先来看看公式本身:

$$N = N_g \times n_e \times f_p \times f_l \times f_i \times f_c \times f_L$$

式中,N代表具有通信能力的外星文明数量,N_g代表宇宙中的恒星数目,n_e代表类地行星(或者说拥有适宜生命生存环境的行星)所占比例,f_p代表拥有行星的恒星的所占比例,f_l代表拥有适宜生命进一步发展的环境的行星所占比例,f_i代表拥有适宜生命发展到具有高等智慧(至少与人类相当)的环境的行星所占比例,f_c代表拥有适宜生命发展到具有星际通信能力的环境的行星所占比例,f_L代表科技文明生存时间与行星生命周期的比值。

方程中的变量含义清晰,运算也十分简单,但所得结果却是众说纷纭，提出这一公式的射电天文学家德雷克（Frank Drake）本人最早得出的结果只是个位数，而独眼巨人计划（美国国家航空航天局的一项外星人搜寻计划，后夭折）则认为 N 的数值至少是 6 位数。造成结果大相径庭的原因就在于方程中的各变量取值范围均很大，直到方程提出近 60 年后的今天，我们也仍旧无法完全确定这些变量。

不过，有一点趋势值得我们注意：随着技术条件的进步，观测数据的不断累积，各变量取值变大的趋势越来越明显了。例如，不断发现的系外行星（甚至系外类地行星）就调高了大家对 f_p、n_e 数值的期待。然而，这就又加剧了费米悖论的矛盾之处：既然随着观测资料的积累，德雷克公式计算结果越来越有可能变大，可为什么还是没有任何直接证据表明外星人存在？

近年来，这个冷酷无情的结果也让德雷克公式遭遇了不少质疑，但无论如何，这个公式至少为我们提供了一个比较全面且有益的思考方向：仔细研究一下各类费米悖论的解答，不难发现，很多解答都是立足于对公式中某个或某几个变量的讨论。

1.2　生命是什么

人类对外星人或者地外生命的探寻如此锲而不舍，那究竟什么才能被定义为"生命"？宇宙如此浩瀚，迄今为止我们只知道地球上有生命，由于我们知识的局限性，因此我们对生命的定义只能以地球生命为基准。

提到"生命"，人们自然而然会想到动物、植物和微生物等。实际上，生命的定义是随着人类科学视野的开阔而不断拓展的。亚里士多德（Aristotle）对"生命性"的经典定义是："生命性是潜能性地蕴含生命的自然体的第一实现性。但是，这种自然体是由器官构成的东西。"19世纪，恩格斯（Friedrich Engels）主要从大分子的角度定义生命："生命是蛋白体的存在方式，这个存在方式的基本因素在于和它周围的外部自然界的不断新陈代谢，而且这种新陈代谢一停止，生命就随之停止，结果便是蛋白质的分解。"大物理学家薛定谔（Erwin Schrödinger）在他1944年出版的名著《生命是什么》（*What is Life?*）中，提供了"物理学家关于生命的一个朴素的观点"："有机体就是赖负熵为生的。或者，更确切地说，新陈代谢中的本质的东西，乃是使有机体成功地消除了当它自身活着的时候不得不产生的全部的熵。"

20世纪50年代，DNA双螺旋结构的发现，以及随后分子生物学的一系列重大发现，使得人们更多地从复制和遗传角度看待生命，认为生命就是一种能进行遗传信息的复制和传递的结构形态，其核心是编码遗传信息的DNA或RNA，执行者则是发挥一系列功能的蛋白质。从分子生物学角度看，生命是由核酸和蛋白质等物质组成的多分子体系，它具有不断自我更新、繁殖后代以及对外界产生反应的能力。生命的普遍特征是:(1)由具有一定特性的分子组成;(2)能进行新陈代谢;(3)能产生与自身类似的后代。

地球生命绝大部分由细胞组成。真核细胞和原核细胞的概念提出后,根据生物细胞的结构特征和能量利用方式,一般将地球生命划分为五界:原核生物界、原生生物界、真菌界、植物界和动物界。原核生物界、原生生物界的绝大多数生物和真菌界的一部分生物以单细胞的形式存在,植物界、动物界的所有生物以及大型真菌是由多细胞构成的。病毒十分特殊,没有细胞结构,因此有学者在原有的分类系统上加入病毒界,构成六界。美国国立生物技术信息中心(National Center for Biotechnology Information,缩写为NCBI)目前采用的分类方法是古菌、细菌、真核生物、病毒及类病毒。2020年《美国科学院院刊》(*Proceedings of the National Academy of Sciences of the United States of America*,缩写为PNAS)发表来自美国佛蒙特大学和塔夫茨大学研究团队的文章,展示了首个用心脏细胞和表皮细胞做成的活体机器人Xenobot,它由进化算法研制而成,可进行编程修改、自由移动,即使被切开也能够自动愈合,刷新了人们对生命的认识。

地球生命的基本结构单位——细胞,主要由碳(C)、氢(H)、氧(O)、氮(N)、磷(P)、硫(S)等元素构成,以碳链为骨架,形成复杂的生物大分子。细胞中的基础分子包括核酸(DNA和RNA)、蛋白质、糖类(又称碳氢化合物)、脂质、水和无机盐等。核酸是储存和传递

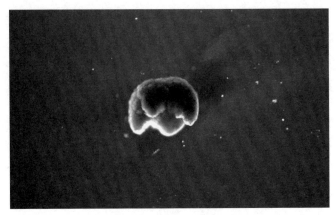

图1.4 活体机器人Xenobot。

遗传信息的生物大分子；蛋白质通常由20种氨基酸组成，细胞的功能主要由蛋白质完成；糖类和脂质既是细胞的重要结构成分，又是生命活动的主要能源物质；水和无机盐则在生命活动中具有重要作用，尤其是水，乃是生命的溶剂。其中，蛋白质和核酸是两类最为重要的生命分子。病毒不具有细胞结构，只含有DNA或RNA内核和蛋白质外壳。由于地球生命以碳元素作为生命分子的基础，因此又称碳基生命。

根据对地球生命的认识，科学家推测地外生命存在的必要条件包括：液态水或其他液态介质，它既是生物体的必要组成部分，也是各种生物化学反应的必要溶剂；组成有机物的必要化学元素，如C、H、O、N、P等；合适的温度；大气层的保护；足够长的时间。

地外空间对于地球生命而言，可谓环境恶劣，极高温、极低温、宇宙射线、无氧等是常态,地球生命这样的碳基生命能否在地外环境中存活? 地外生命又是否和地球生命一样,也是碳基生命呢? 有一种观点认为,地外生命的分子基础可能不是碳而是硅或锗,生命的溶剂不是水而是乙二醇等,但这仅仅是猜想,并没有得到科学证明。

在元素周期表的碳族元素中,硅(Si)排在碳的正下方。硅元素和碳元素的许多基本性质都相似。例如,碳能和4个氢原子化合形成甲烷(CH_4),硅同样也能形成硅烷(SiH_4);碳可以形成碳酸盐,硅则可以形成硅酸盐;碳和硅都能形成长链骨架;等等。乍看起来,硅的确是一种很有潜力的生命元素。

然而实际上,硅元素虽然和碳元素相似,但在形成化学键时二者却有着较大的不同。碳原子的成键能力很强,成键方式多样:既可以与其他原子成键,也可以与碳原子自身成键;既可以形成单键,也可以形成双键和三键。碳原子之间除了结合成碳链,还可以形成碳环,碳链和碳环之间又可以互相连接。因此,碳的有机物种类非常多。硅原子的成键能力较弱,硅链化合物较少,稳定性也较差。硅元素和碳元素的差异,使得硅基生命的存在面临许多无法克服的难题。例如,结构方面,以硅为骨架的长链化合物非常不稳定,在水等溶剂中容易被破坏。与甲烷等碳氢化合物相比,硅烷的热稳定性较差,难以耐受高温星球上的高温环境。而呼吸方面,如果硅基生命像碳基生命一样进行呼吸,碳基生命呼出二氧化碳,硅基生命却不能呼出二氧化硅,因为二氧化硅(构成石英或水晶,是玻璃、沙等物质的主要成分)常温下是固态,沸点约为2200 ℃,难以形成呼吸作用所需要的气态硅化物。而且,茫茫宇宙中,迄今为止,在行星、彗星、星云中都曾经发现过碳的有机物,如甲烷和氨基酸,甲烷在太阳系中普遍存在,但人们从未发现硅烷等物质的踪迹。由此看来,硅基生命存在的希望十分渺茫。

1.3　生命存在的条件与宜居带

并非所有行星都具备孕育生命的条件,但这个条件究竟是什么并不是一个容易回答的问题,因为从前一节中我们就能看出,光是对生命的定义就纷繁不一,相应的适宜生命出现和发展的环境自然也会大相径庭。然而,就我们目前已经掌握的信息来看,唯一一个确定存在的高等智慧生命物种就是人类,而孕育我们人类的行星就是地球。于是,地球就成了我们拥有的唯一一个模板,对适宜生命出现和进一步发展的行星条件和环境的讨论很大程度上就演变成了对地球所拥有的各种得天独厚(至少目前看确实称得上"独")条件的讨论。

从地球与地球生命这个模板来看,行星生命形成与存在的制约条件可以总结如下:

(1)行星的母恒星年龄应该适中,既不能太年轻,也不能太年迈。太年轻则母恒星活动过于剧烈,不利于行星生命的形成;太年迈则留给行星演化出生命的时间不够。

(2)行星的母恒星应该位于所在星系的宜居带中,既不能距活动剧烈的星系中心太近,也不能距星系中心太远。太近则难以躲过星系中心的剧烈辐射,也不能相对集中地利用本地资源;太远则难以获取足够资源。

(3)行星的母恒星质量应该适中,既不能太"重",也不能太"轻"。太"重"则热核反应强烈,生命周期大大缩短;太"轻"则生产的能量不足以"喂养"培育生命的行星。

(4)行星的质量应该适中,既不能太"重",也不能太"轻"。太"重"则引力过大,阻碍生命的形成;太"轻"则引力过小,留不住大气。

(5)行星的年龄应该越大越好。在行星形成之初,地质活动剧烈,对生命不利。行星的年龄越大,留给生命形成和发展的时间就越长,就越有可能培育出智慧生命。

(6)行星应该处于恒星"宜居带"中,既不能距母恒星太近,也不能距母恒星太远。太近则接收母恒星辐射、能量过多,对生命不利;太远则获取的能量不足,难以"哺育"生命。

恒星的宜居带指的是距离该恒星的某一环状区域,位于该区域的行星的表面温度能够维持液态水的长期存在。行星的表面温度取决于其中心恒星的光度(辐射强度)以及该行星与其中心恒星的距离。液态水可在273~373 K的温度范围内存在,因而恒星的宜居带都是一个带状区域。行星系统的"宜居带"理论为我们探寻地外生命提供了新的启示。

根据行星与中心恒星的距离(横坐标)和中心恒星的质量大小(纵坐标),在理论上可以估算出任何一个行星系统的生命宜居范围。从横坐标看,宜居带中的行星接受中心恒星所辐射的热量,既不会少得使水结冰,也不会多得使水沸腾甚至形成水蒸气,而是刚好维持一个液态水的海洋。在一个有一定碳含量的岩石行星表面,如果有一个稳定的液态水海洋,它就具备了产生和驻留生命的条件。从纵坐标看,中心恒星的质量过大,寿命比较短,行星不足以演化出比较复杂的生命;中心恒星过小,行星距离恒星过近,生存条件险恶,中心恒星的引潮效应致使行星保持同一面朝向母恒星,使得行星的这一面温度极高,而另一面温度极低,生命难以生存和繁衍。太阳的寿命大约100亿年,现今的年龄约50亿年,地球的年龄46亿年,地球诞生后8亿年才出现原始的生命。因此,恒星的寿命必须长到一定程度,才可能使宜居带内的行星有足够的时间孕育和繁衍生命,甚至出现高等智慧生物。

太阳系的行星系统中唯有地球位于太阳系的宜居带内(图

1.5)。火星则最接近太阳系的宜居带,与地球之间存在最多的相似之处,因此,火星也是一颗承载人类探寻生命梦想最多的星球。对于光度比太阳大的恒星,宜居带距离恒星较远;对于光度小的恒星,宜居带距离恒星较近。例如红矮星 Gliese 581,其宜居带距离恒星不到 0.1 AU(图 1.6)。图 1.6 中 Gl 581d 和 Gl 581c 被最早认为是适合生命存在的两颗系外行星,它们都环绕着红矮星 Gliese 581 运行,分别位于 Gliese 581 宜居带的外侧和内侧边沿,它们最小预估质量大约是地球的 5 倍和 8 倍,但其实际质量仍有可能是地球质量的 10 倍以上,所以也可能是类似海王星那样的冰行星。Gl 581g 是 2010 年 9 月发现的另外一颗环绕 Gliese 581 的系外行星,位于 Gl 581c 和 Gl 581d 之间,正好位于 Gliese 581 宜居带中间,质量约为地球的 3.5 倍,所以被认为是比 Gl 581c 和 Gl581d 更适合生命存在的星球。不过,这颗行星是否真的存在还没有得到完全确认。

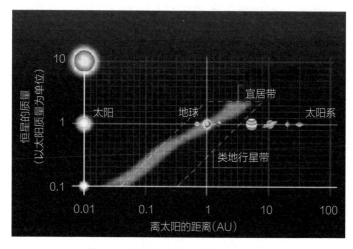

图 1.5　太阳系宜居带(未按比例尺绘制)。

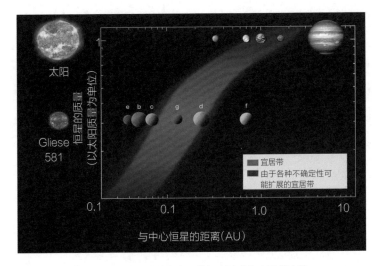

图1.6 Gliese 581的宜居带与太阳系的宜居带比较。

　　从地球和地球生命的例子来看,前面所述6点应当是制约行星生命形成与发展的关键条件。此外,还有一些条件也相当重要,但不能肯定是生命形成与发展的必需,例如:(1)行星需要有能够为自己提供一定保护作用的卫星。同时,卫星与行星之间的潮汐作用对行星生物的演化也可能起到促进作用。(2)行星应当拥有合适的自转倾角。有了合适的自转倾角,才能有分明的四季,从而促进生命的形成与演化。

　　科学家已经在浩瀚的银河系中发现了4000余颗"太阳系外的行星",但是这些系外行星距离我们的地球太遥远了,按照"行星宜居带"的概念,科学家推测最多只有2~3颗系外行星可能比较接近地球的环境。

1.4 地球"得天独厚"的条件

地球的诞生充满了迷茫与神秘,46亿年来漫长的演化过程,为什么只有地球显现出生命的奇迹?

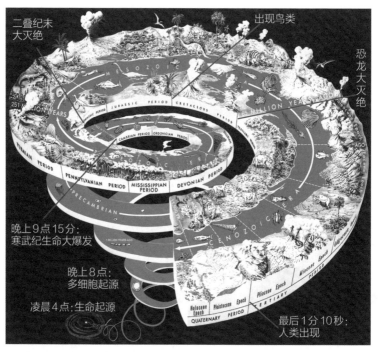

图1.7 地球的年龄46亿年换算为1天24小时,地球生命的演化示意图。

家庭环境对一个人的成长过程有着极大的影响。类似地,地球所具备的很多条件都与太阳这个大家长直接相关。因此,讨论地球环境,太阳这个母恒星就是一个绕不过去的话题。

那么,太阳是颗怎样的恒星呢?

据天文学家估算,太阳如今约50亿岁,预期寿命则是100亿岁,可以说正值壮年。它位于银道面(银河系对称平面)北部猎户座旋臂一角,距银河系中心约2.6万光年,可以说是偏居银河系"郊区",远离热闹的银河系中心。不过,恰恰是因为太阳远离了银河系中心,才躲过了那里凶猛暴烈的"生存环境",也才能相对集中地利用本地资源,孕育出太阳系大家族。另一方面,太阳的位置又没有偏僻到银河系边缘的地步,因而资源也相对充足——银河系边缘的星际物质相当稀少,不利于恒星孕育行星,更勿论孕育具有适宜生命生存的行星了。太阳在银河系中的位置算得上恰到好处,不远不近,虽然算不得得天独厚,但也肯定是颇为理想了。天文学家正是以太阳在银河系中的位置为参考,定义了"银河系宜居带"的概念(图1.8)。

除了位置,恒星的质量也很重要。相比地球,太阳当然是个庞然大物——实际上,太阳的质量占太阳系总质量的99%以上,太阳系内的其他天体当然难以望其项背,但对比整个宇宙的恒星,太阳就显得非常不起眼,无论是体型还是质量最多只能算是中等偏下。然而,这种"中庸"的身材正是孕育地球、孕育智慧生命的一大重要助力。天文学家告诉我们,恒星的质量越大,热核反应越剧烈,但相应地,寿命也会变短。如果恒星的质量过大,寿命就会大大缩短,留给行星发展生命的时间就会严重不足。不过,另一方

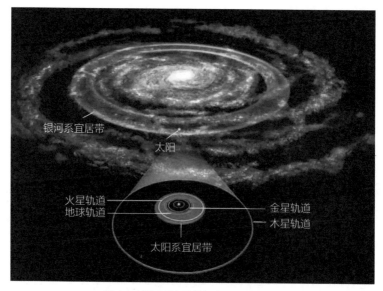

图1.8 银河系宜居带与太阳系宜居带。

面，如果恒星质量过小，自身辐射的能量不够，自然也无法孕育适宜培育生命的行星。而太阳这颗中小质量的恒星恰好完美贴合类地行星孕育智慧生命的需要。

我们再来看看地球。地球的先天条件堪称"得天独厚"。

首先，地球与太阳之间的距离恰到好处，不远不近（图1.5）。行星的能量绝大多数都来自恒星。行星若离恒星太远，能接收的能量自然会大大减少，比如，太阳系中的海王星，由于距太阳过远，表面温度低于−200 ℃，很难想象那样的冰天雪地（当然，海王星其实没有"冰雪"，至少没有地球意义上的冰雪）能孕育智慧生命。另一方面,若行星与恒星离得太近,就会为巨大能量所淹没,强大的辐射、极高的温度不允许任何生命萌芽的存在,死寂的水星就是这样一个例子。反观地球,离太阳不远不近,地表温度及其变化幅度适宜生命的生存与发展。

其次,地球本身的质量也恰到好处,不大不小。天体的质量是决定天体性质的关键因素之一,地球也不例外。地球的质量正好适宜智慧生命的成长。什么样的行星质量才算恰到好处呢?不能太小,质量太小意味着引力过小,引力过小就意味着留不住大气,自然也没有大气层。而大气层在地球生命的萌芽及发展阶段扮演了极为重要的角色。另一方面,行星质量又不能太大,过高的引力本身就会对生命产生毁灭性的打击,随之而来的浓厚大气层问题则更是严重。在质量这个因素上,地球与火星的对比就可以极好地说明问题。

火星非常接近太阳系宜居带,与太阳之间的距离已算合适。地球质量约为 $6×10^{24}$ kg,而火星质量则约为 $6×10^{23}$ kg。乍一看,地球的质量几乎比火星高了一个数量级,但实际上,在天文学尺度中,一个数量级以内的差距算得上"十分微小"。然而,正是这"相差不大"的质量让地球拥有了妙到巅毫的大气层,而火星则因为质量略小,逐渐丢失了自己的大气,仅剩的大气已经十分稀薄,不足以支持智慧生命的生存与发展。这算得上是行星版的"差之毫厘,谬以千里"了。

再次，则是地球的年龄。地球的年龄当然略小于太阳母亲，约为46亿年。与之前的种种条件不同，在年龄这件事上，我们无法用"恰到好处"来形容，毕竟现在看来，如果不考虑恒星生命周期这样的外在因素，就行星本身来说，年龄似乎必定是越长越好。行星年龄越长，留给生命诞生和发展的时间也越久，站在我们人类的视角来看，几乎没有任何理由认为行星年龄的增长会对生命造成不利影响，但如果行星年龄过小，那必然是不利于生命形成的。以地球为例，如今我们熟悉的这种行星环境形成于5.43亿年前开始并延续至今的显生宙时期，而在显生宙之前的40多亿年之中，地球都是一颗不断释放着高能辐射的炽热火球，如同炼狱一般的环境显然不适合智慧生命的诞生与发展。

以上内容都是地球本身及所处空间环境位置的特点，对智慧生命的形成与发展具有决定性作用，也应该是像人类这样的碳基高等生命所需的必要环境条件。接下去要介绍的几点条件也同样重要，对地球生命的出现与发展同样起到了重要作用，但由于样本太小（只有地球生命这一个），我们还没有那么确定它们是不是高等生命所需的必要条件。

巧合的是，这些条件中有不少与地球的卫星——月亮——有关。

"卫星"两字中的"卫"字很好地诠释了月亮的作用。月球表面

图1.9　月球表面的撞击坑。

上的撞击坑是怎么形成的？撞击坑是指望远镜中月球表面的那些坑坑洼洼之地，它们都是外来天体撞击的结果（图1.9）。据统计，月球表面光是直径达到1 km的撞击坑就不少于30 000座，直径小于1 km的更是多如牛毛。如此之多的地外天体如果全部直接砸向我们的地球（哪怕相比月球，我们有大气层的保护，大多数小天体都会在进入大气层后燃烧殆尽，少数幸存下来的也因为剩余质量太小而掀不起任何波澜），很难说会不会有一些质量较大的天体给地球带来又一次破坏力强大到足以毁灭恐龙的小行星撞地球事件。从这个角度上说，月球忠实地履行了"保卫"地球的职责。

月球对地球生命产生的积极作用还不止于此。

地球有一年四季的变化,并且昼夜的长短也会随着季节的更替而变化。正是因为有了这样的规律性季节变化,地球上的绝大部分地区才不会终年遭受严寒或酷暑,而极端的环境条件显然不利于智慧生命的生存与发展。是什么因素让地球拥有了如此关键的季节更替、昼夜变化? 答案就是地球的自转倾角。

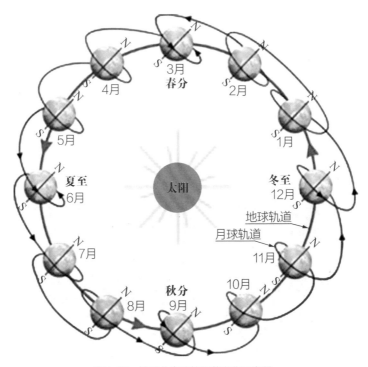

图1.10　地球北半球的季节变化示意图。

地球并不是直挺挺地在自己的轨道平面上自转的,而是与轨道平面呈一定角度,这个角度就是自转倾角,约为23.5°。正是自转倾角的存在让地球四季分明,让绝大部分地区的环境呈现较为规律的季节性变化,杜绝了终年严寒或酷暑这样的极端环境的出现。也正是因为自转倾角,南极的冰川才会经历部分融化与冻结的循环,而这对地球的水循环起到了重要作用。

没有自转倾角,直挺挺地自转固然不行,那么自转倾角是否越大越好呢?显然不是,在我们的太阳系中就有反例(图1.11)。在太阳系八大行星中,天王星的自转倾角达到了98°,几乎就是躺着转了。而金星的自转倾角为177°,差不多就是反着转,但基本仍垂直于自己的轨道平面。虽然我们不知道躺着转和反着转是否会完全杜绝生命的出现与繁衍,但随之而来的极端环境条件大概率不利于高等生命。有观点认为,行星自转倾角在10°~40°比较适合生命繁衍,若果真如此,那地球的这项条件又堪称恰到好处了。

图1.11 太阳系行星的自转倾角。

是什么让地球拥有了如此精妙的自转倾角？这就要谈谈月球的起源问题了。

月球起源假说大致上分为四类。一是分裂说，即认为在地球形成之初还是个熔融的大火球时分裂产生了自己的卫星月球；二是同源说，即认为月球与地球一样，都是在太阳系行星系统形成的时候通过类似的方式形成的，只是大小有区别；三是俘获说，即认为地球和月球本是两个关系不甚密切的天体，但由于轨道变化，月球在经过地球时为后者的引力所捕获，从而成了地球的卫星；四是撞击说，即认为在地球形成之初受到了一个约火星大小的天体的撞击，这次"天地大碰撞"溅起了大量本来分属于两个天体的物质，并在地球轨道附近形成了一颗新天体，也就是如今的月球(图1.12)。

在这四种假说中，撞击说提出时间最晚，诞生于20世纪80年代，是目前最为合理的解释，也是能够解释最多问题及现象的学说。如果事实就是如此，那么地球这恰到好处的自转倾角就极有可能是这次剧烈撞击事件的结果，是地球与月球的结晶。

月球对地球生命的影响还体现在潮汐作用上。潮汐作用指的就是某个天体通过引力让另一个天体上的水体出现涨落现象。月球的引力是地球潮起潮落的主要原因。潮汐作用引起的海水与海床的摩擦会导致地球自转速度变慢，这才有了我们的一天24小时。有研究认为，地球诞生之初自转一周只需半小时不到，这样的

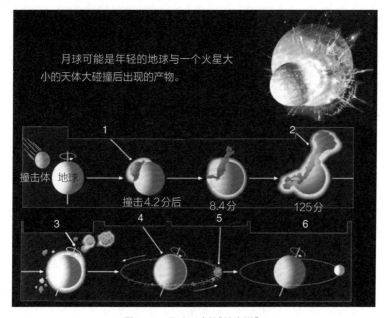

月球可能是年轻的地球与一个火星大小的天体大碰撞后出现的产物。

图 1.12　月球形成的"撞击说"。

1. 原始地球积聚成形的中晚期,也就是大约45亿年前,一个火星大小的天体(我们就称其为"撞击体")与地球相撞……

2. 撞击体和地球都在这次"天地大冲撞"中很"受伤",很快就往宇宙空间中洒出了一阵"碎片雨"。

3. 这次撞击加速了地球自转,并且让地球自转轴产生了23°的倾角。

4. 地球重塑为一个巨大的熔融天体。

5. 抛洒在空间中的碎片则聚合成了月球。

6. 执行"阿波罗计划"的宇航员从月球上带回了年龄达到44.7亿年的岩石,佐证了这个"撞击说"。

快速昼夜变化，恐怕也并不适宜生命的发展。此外，潮起潮落也对地球生命从海洋迈向陆地起到了重要作用。

说起海水与海床的摩擦，就不得不提地球这颗行星的类型了。地球的运行从容且稳定，是一颗拥有铁镍核的岩质行星，地表均为固态岩石——哪怕海洋之下，也是固态岩石海床。虽然我们不清楚像木星这样的气态巨行星和天王星这样的冰巨星是否也能孕育生命，但如果以地球生命为蓝本，那岩质行星必然是一个重要乃至必要的条件。

地球拥有的"得天独厚"条件中，还有一个关键要素，那就是水。

水是生命之源。地球在形成之初，完全就是一颗炽热的高温大火球，而空间中的水分子又少得可怜，那么，如今地球这"七分水，三分陆"的格局是怎么形成的呢？地球上的水又是从哪儿来的呢？

有关地球水的来源问题，主要有两种假说。一种假说认为，地球形成初期，地球内部的地幔物质大规模熔融，通过大面积、长时间的火山喷发，熔岩流覆盖了地球表面，释放出以水蒸气为主的大量挥发分，冷却后在地面汇集形成水体。简单来说，这种假说认为，地球水来源于地球的地幔除气过程(图1.13)。因为这种假说认为地球水来自自身，因而有时也叫"内源说"。

图 1.13　地球的地幔除气过程形成地球原始水体。

早期地幔除气产生的海水是酸性的,pH 2~3,所以有壳动物无法出现。直到6亿年前海洋中还没有出现有壳动物。后来海水逐渐变为中性,各种动物才繁盛起来。

另一种假说认为,大量彗星撞击地球,彗星带来的水是地球水的来源,即认为"地球之水天上来",因而也叫"外源说"。彗星是一种主要由冰和尘埃组成的天体,它们大多形成于太阳系诞生之初,在太阳引力的影响下做周期或非周期性运动。按照外源说,大量彗星在地球形成之初到访,为地球带来了第一份水资源。然而,按照天文学家的估算,大约需要2000万颗中等体积彗星的水资源才能填满地球的海洋,但目前尚未有足够证据表明如此猛烈且频繁的彗星撞地球事件真实存在。

2004年,美国"罗塞塔号"彗星探测器以登陆形式实地考察了

表1 地幔熔融、除气对地球各圈形成与演化的影响

	原始火山气圈	火山气圈	二氧化碳气圈	氨-氧气圈
大气圈	地幔熔融除气形成：H_2O；H_2（在宇宙射线作用下进一步形成D_2、T_2）；O_2（少量游离氧），CO、CO_2、CH_3、N_2、NH_3、$-NH_3Cl$、He、Ne、Ar、Kr、Xe	地幔熔融除气形成的H_2O、O_2、N_2、NH_3、$-NH_3Cl$；CO、$-CH_3$氧化形成CO_2；He、Ne、Ar、Kr、Xe ／ 地幔熔融，除气作用减小，但产额逐渐减小 ／ 出现游离氧 N_2大量增加 CO_2大量增加	以CO_2-N_2为主 N_2大量增加 CO_2大量增加	形成$N_2-O_2-CO_2$为主的气圈
水圈	原始强酸性水圈 ／ 地幔熔融除气形成的H_2O、HCl、HF、H_3BO_3、H_2S等转入水圈	氯化物水圈 ／ 地幔熔融除气形成H_2O、HCl、HF、H_3BO_3、H_2S等转入水圈。形成K、Na、Mg、Ca、Al、Fe、Mn的氯化物，基本上没有碳酸盐	氯化物-碳酸盐水圈 ／ 同左 碳酸盐淤泥发育 火山气体及H_2S 形成硫酸盐	氯化物-碳酸盐、硫酸盐水圈 ／ 类似现代海水的成分 大量氯化物、碳酸盐及硫酸盐
沉积圈	中基性火山堆积物	开始出现化学沉积建造	化学沉积建造大量出现，开始形成生物沉积建造，形成碳酸盐条带状铁矿和含硼建造	大气圈中的CO_2大量进入沉积圈，有硅铝质碎屑的沉积。生物沉积建造大量发育。沉积型有色金属矿床形成 ／ 近似现代沉积圈
地壳	类玄武岩原始地壳的形成；火山作用形成大面积中-基性喷发岩，变质后形成绿岩，大面积强烈火山活动	古陆核出现，大面积花岗岩化团块状陆核出现，形成与地幔物质分异有关的矿产及伟晶岩矿床，火山活动比较强烈	围绕着陆核的边缘，硅铝质地壳定向增长，火山活动逐渐减弱，地壳活动的周期性逐渐清晰	
	$3.5×10^9$年	$(2.6±0.1)×10^9$年	$(1.9±0.1)×10^9$年	$(1.0±0.1)×10^9$年

67 P彗星（全名为丘留莫天—格拉西缅科彗星）并进行了相关实验（图1.14）。"菲莱"着陆器登陆67 P彗星的彗核表面，氢同位素检测结果显示，67 P彗星冰的重氢元素与氢元素的比值（D/H）为$5.3×10^{-4}$，而地球海水的D/H为$1.56×10^{-4}$，前者是后者的3倍多。而哈雷彗星、百武彗星和海尔波普彗星等彗星上水中的D/H也为地球海水的2倍多。这些数据表明，彗星水与地球水不是同源，彗星水不是地球水的来源（图1.15）。

另一方面，据地球科学家推算，地球内部除气过程释出的水蒸气（冷却后成为水体，汇集在地球表面）可达142亿亿吨水体，符合我们如今对地球全部水体总量的估算（139亿亿吨）。根据地球各类水体的氢、氧同位素组成和二氧化碳的碳、氧同位素组成的系统测定和研究，今天我们可以确证地球的水来自地球地幔物质的除气过程。

地球还具有许多有利生命出现、繁衍和进化的条件。例如，地球的演化过程催生了恰到好处的大气层、调节了地球水体的酸碱度，使其完全贴合生命发展的需要；地球拥有的磁层、电离层、臭氧层和大气层构成了一道极为有力的防线，阻挡了绝大部分外来天体和宇宙辐射，调节了太阳母亲输送过来的巨大能量，为地球环境与生物的协调演化提供了必要的安全环境；海洋的潮汐为生物的迁徙提供了动力……在地球漫长的演化历程中，大气层、水体与生物的协调演化，呈现出一种完美的和谐。

图1.14 "罗塞塔号"彗星探测器探测67 P彗星。

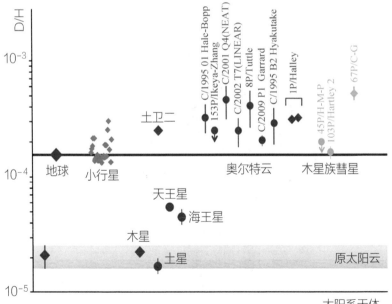

图1.15 太阳系天体中的D/H。

1.5 地球生命来自何方

有了合适的环境,就有了生命形成与发展的基础,但第一缕生命之光是如何出现的呢?地球生命的起源,是人类持续探索的一大难题,也是科学界最为关注的焦点问题之一。地球的年龄已有近46亿年,最早的地球生命出现在约38亿年前。化石证据显示,地球上最早出现的生命可能是细菌和蓝细菌。发现于澳大利亚西北部皮尔巴拉的丝状细菌和蓝细菌化石,距今约35.15亿年(图1.16)。细菌和蓝细菌都属于原核生物,即细胞内没有成形的细胞核。中国辽南鞍山群中已发现的蓝细菌和藻类化石,距今34亿~25亿年。最古老的地球生命是如何产生的呢?目前有两种不同的假说——地球起源说和地外起源说。

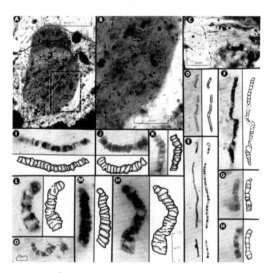

图1.16　澳大利亚距今约35亿年的迄今最古老的单细胞化石。

地球起源说认为,距今46亿~38亿年前的冥古宙时期,地球原始海洋中的无机小分子物质,经过漫长的演化,产生了原始生命。原始海洋中的无机小分子物质,如氮、氢、氨、水、一氧化碳、甲烷等,在紫外线、电离辐射、高温高压等条件的作用下,生成有机小分子物质,如氨基酸、核苷酸和单糖等,这些有机小分子物质再进一步聚合,形成生物大分子,如蛋白质、核酸、多糖、脂质等(图1.17)。这些生物大分子再聚集成多分子体系,从而演变为原始生命。

早在1924年,苏联生物化学家奥巴林(Alexander Oparin)就在《生命起源》(*The Origin of Life*)一书中提出,早期地球的环境可能创造出含有复杂化学物质的"原始汤"(原始海洋),生命就起源于"原始汤",但他未能解释"原始汤"中的有机物究竟是如何合成的这一问题。支持地球起源说的最著名的证据,当数1953年的尤里–米勒实验。曾获1934年诺贝尔化学奖的美国化学家尤里(Harold Clayton Urey)推测,地球原始大气中含有氢、氨、甲烷等大量还原性气体,几乎不含氧气。原始大气通过特定的化学反应,可能产生生命分子。尤里的学生、美国化学家米勒(Stanley Lloyd Miller)将此猜想付诸实践。1953年,米勒设计了一个独特的密闭设备,模拟生命起源之前的地球状况(图1.18)。在如图1.18所示的实验装置中,右侧的玻璃球状仪器中注水,代表原始海洋。先将装置中的空气抽去,然后打开右侧的活塞,泵入氢气、甲烷、氨气等的混合气体(模拟还原性原始大气),再将右侧玻璃球状仪器中的水煮沸,使水

图 1.17 原始海洋中，在紫外线、电离辐射等影响下形成有机小分子及生物大分子示意图。

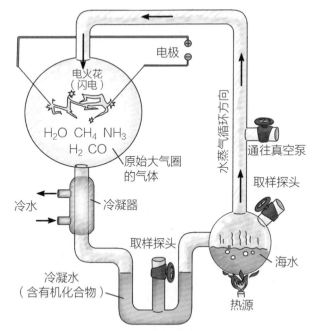

图 1.18 尤里-米勒实验装置图。实验最后生成的有机物经过冷却后，积聚在仪器底部的溶液内（模拟原始大气中生成的有机物被雨水冲淋到原始海洋中）。

蒸气和混合气体同在密闭的玻璃管道内不断循环,并在左侧的大烧瓶中,进行火花放电处理(模拟雷鸣闪电)一周。一周后,米勒在"海洋汤"中检测到7种氨基酸样的物质。后续实验生成了更多种类的氨基酸,其中组成蛋白质的13种氨基酸都被成功地鉴定出来。氨基酸是组成蛋白质的基本单元,蛋白质则是生物体的主要组成物质之一,是生命活动的基础。尤里-米勒实验意味着生命出现乃是地球化学反应的结果。虽然近年来尤里-米勒实验遭到了质疑,但它对生命起源研究毕竟起到了巨大的推动作用。

地外起源说认为地球最初的生命或生命物质来自地外,小行星、彗星与陨石的有机化合物都可能是地球生命物质的来源。今天,通过射电望远镜观测,科学家已经在星际分子云中发现了120多种化学分子,并首次在银河系中心地带发现了可参与构成生命体的糖分子,这说明有机分子确实可以在地外空间合成。

生命起源于地外的思想由来已久。例如,1871年,英国数学和物理学家开尔文勋爵(Lord Kelvin)就在英国皇家学会的演讲中提出了"陨星泛种论"——生命可能通过陨星在空间中散布。1908年,瑞典化学家阿伦尼乌斯(Srante August Arrhenius)提出"辐射泛种论",认为宇宙中充满了活生生的孢子,它们受星光的压力驱动遍布于空间,有些孢子掉落在早期地球上,繁衍开来并进化成了我们今天所见的生命。1973年,英国生物物理学家克里克(Francis Crick)和生物化学家奥格尔(Leslie Orgel)提出了"目的性泛种论",

认为微生物经过漫长星际旅行后着陆于地球且存活下来的概率不大,但是,古代地外文明会有目标地把孢子输送到条件有利于生命存活的行星上去。可能原始生命不是通过陨星偶然地到达地球的,而是由探测器运送到地球的。

"小行星(陨石)来源说"提出小行星带来的有机分子是地球生命产生的基础。小行星由于个体较小,不存在磁场和大气层,长期遭受宇宙射线和微陨石撞击,而且由于能量很早耗尽,其表面不存在地质活动等特征,一般认为其自身不可能演化出生命或者支持生物的繁衍,但小行星陨石有可能为地球提供有机分子。科学家对陨石中的有机物进行了研究,发现了多达60余种不溶性有机物和可溶性有机物,不溶性有机物包括芳香族和脂肪族碳氢化合物以及含O、N、S的化合物,可溶性有机物包括氨基酸、糖类、羧酸等。这些有机物和地球的生命分子之间存在着关联。例如,在地球生命中,绝大多数氨基酸和单糖都具有手性,氨基酸以左型为主,单糖则以右型为主。科学家在富含碳的小行星(C型小行星)陨石中发现了异缬氨酸,绝大多数以左型形态存在,与地球生命一致。因此,有人认为,早期地球曾被大量含有左型氨基酸的陨石撞击,这些氨基酸最终促成生命的出现。地球生命的"手性"特性有可能就是源于此。再如,富含铁的陨石在坠落地球之后,若与酸性水体接触,可以形成磷酸盐,在较高温度下,磷酸盐会转变为焦磷酸盐,这种物质正是生命体中的高能化合物——腺苷三磷酸(ATP)的前身,而ATP是驱动细胞生命活动的直接能源物质。

　　但也有相反的例证。日本的小行星取样航天器"隼鸟号"在2003年5月发射升空,耗时7年,行程6×10⁹ km,并于2010年6月成功采集了丝川小行星(Itokawa,小行星编号为25143)的样品返回。日本科学家分析了5颗直径为50~100 μm的样品颗粒,实验结果却显示丝川小行星样品中不存在任何原生有机物。

　　"彗星来源说"提出彗星尘埃带来的有机分子是地球生命物质的源头。美国的"星尘号"探测器于1999年2月发射,2006年1月返回舱返回,飞行4.64×10⁹ km,从"维尔特2号"(Wild-2)彗星的彗发中收集了彗星尘埃样品(图1.19)。通过对样品的分析,已经发现20多种氨基酸,部分类型的氨基酸在碳质陨石和星际尘埃颗粒中已经发现。而且相比于陨石中的氨基酸,"星尘号"采集的彗星尘埃样品相对富集氧和氮元素。此外,样品中还发现了芳烃,但其含量低于碳质陨石。"星尘号"探测器上的一种新型光谱仪发现,彗星尘埃中存在一类被称为吡咯并喹啉醌(PQQ)的辅酶,为彗星生

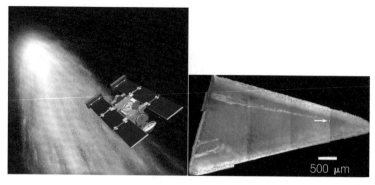

图1.19　"星尘号"探测器及其采集的彗星尘埃样品。

命起源学说提供了新的佐证。科学家推测，PQQ本身可能是在宇宙射线作用下由矿物颗粒表面存在的分子产生的。PQQ与其他许多分子随着彗星尘埃在几十亿年前抵达地球，它们促使含氮和碳的化合物产生基因构件，在水和其他因素的共同作用下，生命可能由此产生。"星尘号"样品中两种含量最高的氨基酸（甘氨酸和 ε-氨基己酸）的碳同位素比值分析显示其为地外成因的氨基酸。这说明构成生命的关键有机物可能最初是在宇宙空间中形成的，而后才由陨石或彗星带到地球。

对于火星和火星陨石的探测，也提供了地外生命物质存在的证据。2004年，欧洲空间局的"火星快车"探测器宣布探测到火星大气中的甲烷，但不确定是生物成因还是非生物成因。2014年，NASA的"好奇号"火星车再次探测到火星大气中为背景浓度10倍左右的甲烷（图1.20），但依然不能判定是生物成因还是非生物成因。"好奇号"在钻岩过程中还首次发现有机碳颗粒和氮化物。

火星陨石是人类采集并返回火星样品之前唯一能得到的火星表面岩石。利用地面实验室的各种高精尖现代分析仪器，可以对这些火星陨石样品进行非常详尽的分析，得到各种实验分析证据，从而揭示火星的形成，以及岩浆活动和表生环境的整个演化历史，包括火星可能的生命信息。

1984年在南极艾伦山发现了一块重约1.9 kg的火星陨石，编号

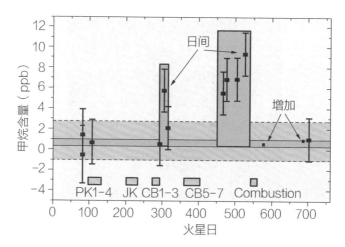

图1.20 通过"好奇号"样品分析仪的一系列检测，发现"好奇号"周围
火星大气甲烷浓度飙升了10倍的现象。

为 ALH 84001。1996 年在 ALH 84001 陨石中发现了疑似蠕虫化石
的结构（图1.21）。

2011 年 7 月降落在摩洛哥沙漠里的提森特（Tissint）陨石（图
1.22），是第 5 块降落型火星陨石，更是迄今为止最新鲜的火星陨石

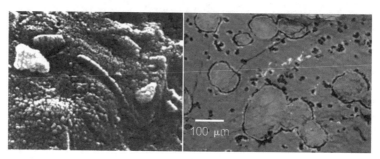

图1.21 ALH 84001陨石中发现了疑似蠕虫化石的结构。

图1.22　Tissint陨石。

样品,为研究火星古环境乃至探索可能存在的火星生命痕迹等提供了极好的机会。2012年4月至2013年12月,中国科学院地质与地球物理研究所的林杨挺研究团队利用激光拉曼谱仪和纳米离子探针,对Tissint陨石开展了系统的精细分析测试与研究,发现了火星陨石中几微米大小的碳颗粒,并证明这些碳是来自火星的有机质,进而测定出它们是由具有典型生物成因特征的、富集轻的碳同位素组成。该成果2014年12月1日发表在《陨石学与行星科学》(*Meteoritics and Planetary Science*)杂志,这也是迄今所报道的火星上可能曾有过生命活动的最有利证据。随后,2014年12月16日美国NASA宣布:"好奇号"火星车在火星表面钻孔取样,在火星岩石中发现有机成因的碳。

地球生命究竟起源于地球还是地外,还有待我们进一步深入探索。人类对生命起源和地外生命的探索,必须开展多学科联合探索与研究。例如:

★ 生命科学领域，开展生命起源的理论与实验研究；

★ 深空探测领域，通过发射探测器对太阳系的行星（如火星）或彗星进行探测或取样分析；

★ 射电天文学领域，通过射电望远镜进行长期观测；

★ 地学、生命科学、海洋科学领域，对海洋深部（如海底黑烟筒）、极区、大陆深部、沙漠底部等进行直接实验观察；

★ 陨石学、天体化学领域，对于来自太阳星云形成初期原始的"化石"——陨石进行研究分析。

寻找地外生命是人类开展太阳系探测的根本出发点。如果发现地外生命，那将是科学史上最重大的发现之一。地外生命探测将为生命起源的难题打开新的突破口，极大丰富人们对生命的基本认识，也将为生命起源于太阳系早期演化等重大科学问题提供新的科学论据。

第2章
如何探索地外生命

本章我们将以地球生命为模板,按图索骥,开始我们地外生命的搜寻之旅。在我们正式把目光投向其他星球之前,尚需简要介绍一下目前我们探索地外生命的常用手段。

2.1 探索地外生命的常用手段

第一类是探测器探测。顾名思义,这种手段就是通过发射探测器对目标天体展开或直接或间接的探测。探测器探测是目前最常用的手段,效果也最好,但受制于技术条件和成本问题,这种手段当前主要应用于太阳系内天体的探测,应用范围较窄。

探测器探测又有三种不同类别。其一是飞掠式探测,即探测器与目标天体"擦肩而过",在飞掠的过程中拍摄照片并测量所需数据,比如,2019年探测小行星"天涯海角"的美国"新视野号"探测器。其二是环绕式探测,即探测器抵达目标天体附近后,充当后者的卫星,在其引力下绕其运动,拍摄照片并测量所需数据。在完成这一阶段任务后,有的探测器就永远留在了目标天体轨道上;有的探测器则一头扎向目标天体,进一步测量数据并拍摄照片,直至彻底坠毁,做出最后的贡献。我国的"嫦娥一号"运用的就是这种探测模式。其三是登陆式探测(着陆+巡视),即在前两种探测模式的基础上,不仅深入目标天体,而且保证安全着陆,然后释放出预先设计的探测车,展开更为细致周密的实地考察。我国的"嫦娥三号"月球探测器就是登陆式探测模式的实例,此前提到的"罗塞塔号"登陆探测彗星67 P也是一例。显而易见,登陆式探测的效果最好,但所需成本和技术也会大幅上升。

"嫦娥三号"月球探测器包含着陆器和巡视器两部分,巡视器就是大家一直十分关注的"玉兔号"月球车。"嫦娥三号"探测器在2013年12月14号成功着陆,"玉兔号"月球车随即开展了大量探测活动,取得了重要科学成果。"嫦娥四号"探测器则是"嫦娥三号"的备份,其巡视器是"玉兔二号"月球车。2019年1月3日,经过20多天的地月转移、近月制动、环月飞行,"嫦娥四号"探测器最终在月球背面的冯·卡门撞击坑内成功实现软着陆。整个着陆过程没有来自地球的无线测控和遥测数据,全部依靠自主控制。

第二类是陨石分析,即收集并分析降落到地表的陨石,比如,前文已经提到的ALH 84001陨石和Tissint陨石。相对探测器探测来说,这种探测手段成本低廉,所需技术成熟,得到的分析结果也相当准确且很多都具有重大意义。然而,陨石分析手段也有很大

图2.1 "嫦娥四号"着陆器地形地貌相机对"玉兔二号"巡视器成像。

图2.2 "玉兔二号"巡视器全景相机对"嫦娥四号"着陆器成像。

的局限性,因为这个方法本质上是一种被动手段,只能期待"上天的馈赠",况且陨石的来源也有限——从"陨石"的字面意思就不难看出,只有像地球这样的岩质行星以及一部分小行星和彗星才有可能产生能被我们收集到的陨石。当然,从人类的例子来看,生命也最有可能诞生于岩质行星上。陨石分析还有一个问题:它们掉到地球之后,往往经过了很长时间才被发现,在这个过程中有可能受到地球物质的污染,特别是有机质的污染。

第三类则是望远镜探测。这种探测手段大家耳熟能详。使用望远镜探测星空是一种古老的探测手段,设备先进、成本较低、技术成熟、安全可靠(不过,可不能把望远镜直接对准太阳,那样会造成失明),探测范围也极广。缺点也很明显,望远镜探测受干扰因素较多,测量数据精度相对不高。

望远镜的分类有许多。按观测波段分类,可把望远镜分为光学望远镜、红外望远镜、射电望远镜等;按使用地点分类,可分为地基望远镜和空间望远镜。这里,我们要着重介绍的是大家经常能够听到的射电望远镜和空间望远镜。

先来看射电望远镜。所谓射电,其实就是无线电波,即频率范围在3 kHz~3 THz的电磁波。而射电望远镜的探测对象正是射电,因此,从工作媒介上说,射电望远镜与我们常用的收音机并无本质上的不同,与光学望远镜反倒有不小差异(光学望远镜的工作媒介是可见光范围内的电磁波,频率范围在340~790 THz)。这就是为什么同为望远镜,但射电望远镜与光学望远镜的外观天差地别了。如果说光学望远镜是"镜子",那么射电望远镜其实应该算是"天线",一面反射面巨大,而且灵敏度特别高的碟形无线电天线。这下你知道为什么我们国家的FAST(500 m口径球面射电望远镜)看上去就像一口超大的锅了吧。

射电望远镜的构造使得它摆脱了光学系统的诸多限制,口径可以造得很大,观测波段可以很广,自然也就成了搜寻地外文明的一大利器。前文中提到的德雷克就是最早通过射电望远镜寻找地外文明的天文学家之一。

有"中国天眼"之称的FAST的重要设计目标之一就是搜索地外文明,但核心目标是寻找射电脉冲星。当然,搜寻系外行星的一大重要方法就是脉冲星计时法。脉冲星的自转非常稳定,甚至能起到计时的效果,但如果脉冲星周围存在行星之类的其他天体,从地球上观测到的脉冲星的周期性信号就会出现波动,由此就可以进一步认证系外行星的存在。1992年发现的系外行星PSR 1257+12就是通过脉冲星计时法发现的,它也是人类确证的第一颗系外行星。因此,寻找射电脉冲星和搜寻地外文明这两项科学目标之间不但不存在冲突,甚至还能相得益彰。

2019年10月,中国科学院科学传播局和国家天文台公布了

FAST的首批探测成果。FAST通过长期监测空间中的周期性信号探测到了几十个优质脉冲星候选体,并且编号为J1859-0131和J1931-01的两颗已经得到认证,确认为脉冲星。截至2020年11月,FAST累计发现脉冲星数量超过240颗,相信在不久的将来,我国自主设计的"中国天眼"能发现越来越多的脉冲星、系外行星,甚至是地外文明。

图2.3 "中国天眼"——位于贵州省平塘县的500 m口径球面射电望远镜,是现今已经建成的世界上最大的射电望远镜。

另一种需要重点介绍的望远镜就是空间望远镜。前面已经提到,空间望远镜的概念是相对于地基望远镜而言的。简单来说,两者之间的区别就是前者的工作环境脱离了地球,而后者则是在我们脚下的这颗星球之上。空间望远镜的最大优势就是摆脱了地球大气给天文观测带来的巨大干扰。此外,脱离了地面的空间望远镜也避免了各种人造光源的干扰。

最著名的空间望远镜当数哈勃空间望远镜。1990年发射升空的"哈勃"至今仍在地球轨道上夜以继日地工作,在此期间取得的科学成就数不胜数。

不过,就搜寻地外生命而言,更知名的空间望远镜无疑是开普勒空间望远镜。2009年升空的开普勒空间望远镜是当之无愧的"地外行星猎手",它在绕日轨道上观测了10万多颗恒星的光度,通过凌星法找到了2000多颗系外行星,堪称功勋卓著。有关开普勒空间望远镜和凌星法搜寻系外行星的相关内容,后文还会有更详细的介绍。

图2.4 开普勒空间望远镜艺术想象图。

需要强调的是,空间探测的手段并不止这些,例如还有载人登陆探测,这种方法取得的一手数据固然弥足珍贵,只是因为这种手段成本过高,目前还没有成为探测除月球之外的其他星球的主流。不过,随着人类文明的进步,我们有理由相信,未来人类的脚步将在宇宙中不断拓展。

2.2　太阳系探测概况

太阳系以太阳为核心,包括八大行星、数个矮行星、无数小行星和彗星,还有许多星际物质,是目前我们探测最多也是最了解的天体系统。我们的探索之旅就从这里开始。

太阳

说到太阳系,太阳当然是一颗绕不过的天体。直觉告诉我们,太阳本身不可能孕育任何生命,是什么让我们产生了这种感觉呢?

太阳的本质就是一个无时无刻不在进行剧烈热核反应的"大火球",表面温度约5500 ℃,核心温度可能高达20 000 000 ℃,质量相当于大约130万个地球。由此带来的高温、高压、高辐射、强引力,无一不是生命的大敌。因此,太阳上不会存在我们这样的智慧物种。如果说太阳之上也栖息着生命,那也绝对超越了我们目前的知识范畴。对他们的讨论更像是科幻,而非科学,所以,我们在此只能略过不提。

水星

水星是一颗类地行星，地表呈岩石态，这些条件符合生命的需要。然而，除此之外，水星完全称得上生命的炼狱。造成这一结果的最根本原因是两个：一是离太阳太近；二是自身质量太小。因为距太阳太近，水星面朝太阳的一面温度可达 400 ℃以上，而晒不到太阳的那一面温度又可以低至 -100 ℃以下。每个昼夜都要经历 500 ℃以上的温度差，即便水星上曾经出现过生命的萌芽，也都被扼杀在这种严酷的环境中了。另一方面，水星自身质量又不大，只有火星的一半左右。前面已经提过，即便是火星也因为质量不足而留不住大气，遑论水星了。缺少了大气层，水星更是直接暴露在太阳的炙烤（不仅是高温，还有太阳风和各种辐射）之下，成为生命的炼狱。事实情况又是如何呢？

1973 年 11 月，美国"水星 10 号"探测器升空。1974 年 3 月，"水星 10 号"近距离（约 700 km）飞掠水星；1975 年 3 月又再次近距离（约 300 km）飞掠水星。"水星 10 号"拍摄了 2000 多张珍贵的水星照片，第一次从实证角度揭开了水星的面纱。和我们的设想一样，水星表面如同月球一般，饱受各种天体的撞击，留下了无数撞击坑。昼夜温差也确实达到惊人，且几乎没有磁场。与我们的猜想稍有区别的是，水星上竟然还有些微大气成分（但完全形成不了大气层）。

2004年，美国"信使号"探测器升空。2011年，"信使号"进入水星轨道，开始长达4年的绕水星探测。2015年4月，"信使号"撞向水星表面，以一个直径10 m多的撞击坑结束了自己的使命。

"信使号"详细绘制了水星全球地图，并且进一步测定了水星大气状况，为我们研究水星地貌演变和大气情况提供了珍贵材料。值得一提的是，"信使号"发现水星大气中竟然存在水蒸气，并且在北极附近的撞击坑中发现了有机物和液态水的迹象。虽然这离生命的出现还很遥远，但如此严酷的环境中竟然还保留了这些生命必需物质，这无疑增添了我们发现地外生命的信心！

图2.5 "信使号"及水星模拟图。

2018年10月，美国"科伦坡号"卫星升空，正式开启了探测水星之旅，预计于2025年抵达水星轨道，相信它必将为我们带来更多更翔实的探测资料。

金星

金星的国际通用名是Venus，即"维纳斯"。曾几何时，这颗星球寄托着我们对地外生命的希望，因为它和我们的地球实在是太像了！金星也是一颗岩质星球，质量约为$4.8×10^{24}$ kg，比地球略小，但这点差异在天文学尺度上完全可以忽略不计。另外，金星与太阳之间的距离也相当合适，位于人们通常认为的太阳系宜居带中。金星与地球是如此相似，也无怪乎人们把它俩称为"姐妹"了。然而，就算形同姐妹，也有极大差别，就比如在行星环境方面，这两姐妹可谓是天差地别：地球上郁郁葱葱、生机勃勃，而金星酷热非凡，毫无生迹。是什么造成了这种差异？

人类对金星的探测堪称频繁，截至目前，至少已有数十次称得上成功的金星探测，在此简要介绍一下影响较为深远的几次探测行动。

首先是苏联"金星号"系列探测器。1961年，"金星1号"探测器升空，但没过多久就与地球失去了联系，我们自然也无法得到相关数据，人类第一次探索金星之旅就这样以失败告终。1967年，

"金星4号"探测器升空,经过数亿千米的长途跋涉后,终于抵达金星轨道,并且成功着陆。"金星4号"在降落过程中初步测量了金星大气。不过,金星浓厚的大气和高温破坏了着陆器,这次探测行动最终也没能传回金星地表的探测资料。1970年,"金星7号"探测器成功登陆金星,并且也成功传回了金星地表的测量数据。历次探测结果表明,金星表面温度超过了400℃,气压大约为地球的90倍,这两个数据基本上已经足以令我们寻找金星生命之梦破灭。后续的"金星9号""金星10号""金星13号""金星14号"探测器又陆续拍摄了金星全貌和彩色地表照片,甚至采集了金星地表岩石样本,为人类研究金星地貌和演化提供了宝贵的第一手资料。

其次是美国"水手号"系列探测器。这个系列的探测器可谓大名鼎鼎,既探测过金星("水手1号""水手2号""水手5号""水手10号"),也探测过火星("水手3号""水手4号""水手6号""水手7号""水手8号""水手9号"),还探测过水星("水手10号"),甚至还通过了日球层边界(原计划中的"水手11号"和"水手12号"后来演变成了"旅行者1号"和"旅行者2号")。1962年7月,计划奔赴金星的"水手1号"升空,但未能进入预定轨道,宣告失败。同年8月,"水手2号"飞掠金星,成功测定并发回金星大气、磁场、质量等数据。"水手5号""水手10号"后来也陆续以飞掠的形式探测了金星,同样传回了有关金星大气等方面的数据。

最后是迄今为止最成功的金星探测器——美国"麦哲伦号"。

1989年5月，"麦哲伦号"搭载"亚特兰蒂斯号"航天飞机升空，随后再由火箭送往金星轨道，这种发射方式史无前例。"麦哲伦号"在经过1年多的长途跋涉后终于进入金星轨道，接着就开始了长达4年的绕金星观测任务。在这1000多个日日夜夜中，"麦哲伦号"利用其搭载的高分辨率雷达，连续拍摄了超过90%的金星地表，并绘制成地图，不间断地把这些资料发回地球基地。此外，"麦哲伦号"还绘制了确定表面高度的金星地形图，测定了金星引力场的特性。1994年10月，"油尽灯枯"（太阳能电池板输出电压不足）的"麦哲伦号"进入金星大气，在后者的高压下结束了自己的"生命"，即便此时，它也尽忠职守，获得了金星大气的第一手资料。在这总计5年多的时间里与"麦哲伦号"一道奋战的科学家们，在彻底与这枚探测器失去联系后臂缠黑纱，以悼念这枚勤勤恳恳的探测器。"麦哲伦号"绘制了第一张金星地图，发回的数据超过了此前所有金星探测器之和，即便称其为最成功的行星探测器也不为过。"麦哲伦号"发回的数据表明，金星的大气压强极大，超过地球的90倍，其大气成分主要是二氧化碳。浓厚的二氧化碳大气造成了极为严重的温室效应，进而把金星锻造成了一个炽热的生命炼狱——金星赤道附近的最高温度可能超过500 ℃，而生命的基础大分子蛋白质会在高温下失去活性，因而很难想象酷热的金星表面上生活着像我们这样的智慧生命。此外，金星大气中还有一层厚约20 km的浓硫酸云层。可以想象，金星上的雨必然也带着浓硫酸，这样的强腐蚀性物质同样也是生命的大敌。金星地表以平原为主（约占70%），也有高地和低地，撞击坑虽然也有但相当稀少（很有可能是因为金

图2.6 "麦哲伦号"探测器及金星模拟图。

星的浓厚大气阻挡了大量天外来客),内部结构很可能与地球相似,有固态内核和地幔。此外,金星表面的绝大部分地貌结构都相当年轻(不超过10亿年),很可能是仍旧频繁的火山活动造成的。

总的来说,金星的客观条件与地球十分相似:质量相近,在太阳系中的位置相似,地质结构类似,且都有大气。对生命来说,二者之间最大的差异在于大气成分,金星浓厚且富含温室气体甚至强腐蚀性物质的大气层,必然不利于生命的出现与发展。不过,从现有证据看,金星环境很可能更类似于地球形成之初的环境。只不过,地球在合适的时间孕育出了合适的生态环境,形成了植物与环境之间的良性循环:植物在适宜的大气环境下诞生并成长,又通过不断吸收温室气体并排放氧气优化大气结构,这才有了我们今天生机盎然的地球。虽然金星如今的大气环境堪称生命炼狱,但它与地球之间的差别很可能只是没有在合适的时间孕育出合适的生态环境而已。这就更体现了地球生命的可贵。

2.3 跌宕起伏的火星探测

如果说金星和地球是姐妹的话,那么火星就称得上地球的孪生兄弟。前文已经介绍过,地球与火星同属岩质行星,质量相近,都位于太阳系宜居带中。此外,火星的自转倾角(25.19°)和自转周期(24.62小时)也都与地球相近,绕太阳公转一周需要大约687天,接近地球公转周期的两倍,但以天文学尺度而论,也称得上相似。更令人激动的是,火星也有大气(虽然非常稀薄,密度大约只有地球的1%),也有水(冰),甚至可能已经出现了有机分子。表面温度方面,火星白天平均温度低于零度(约-5 ℃),夜晚则低至-80 ℃以下。和地球比起来,火星的温度当然是寒冷许多,但并没有恶劣到完全杜绝生命出现的可能。总的来说,火星环境与地球相当接近,人们把它当作太阳系中最有可能出现地外生命的星球并不为过。正因为如此,火星也成了我们探索最多的星球。截至目前,人类执行的"探火任务"中能称得上成功的不超过一半。火星生命的探测分为:(1)直接探测生命活动;(2)跟随水体的活动探测生命;(3)跟随大气甲烷的浓度和分布探测生命活动。下面,我们就来回顾一下比较重要的几次火星探测行动。

自20世纪60年代起，人类就正式踏上了探测火星的征途。遗憾的是，最早的几次火星探测任务均以失败告终（"火星1960A""火星1960B""火星1962A""火星1962B"和"水手3号"）。1964年11月，火星终于等来了第一个人类探测器——"水手4号"。这枚探测器以10 000 km的距离飞掠火星并拍摄了21张珍贵图片。"水手4号"传回的第一张火星表面照片上满是撞击坑，火星表面一片死寂，几与月球无异，彻底打碎了火星人的传说。此外，"水手4号"还初步测定了火星大气和火星地表温度，得到的结果也相当不乐观，进一步坐实了火星上没有智慧生命的事实。

1969年，"水手6号"和"水手7号"又先后成功飞掠火星，共获得800 Mbits数据。"水手6号"返回了火星的49张远距离照片和26张近距离照片，"水手7号"返回了93张远距离照片和33张近距离照片。近距离照片拼接起来覆盖了火星表面积的20%。探测器上的科学仪器则测量了紫外和红外辐射以及火星大气的无线电波折射率。照片显示，火星表面与月球表面有很大不同——这点与"水手4号"的探测结果存在差异。火星的南极冠被确定为主要由碳氧化物组成，表面大气压为600~700 Pa。无线电科学修正了火星质量、半径和形状的数据。

1971年5月，"水手9号"发射升空，并于当年11月抵达火星轨道。与此前探测火星的"水手"系列探测器不同，"水手9号"是一枚轨道器。"水手9号"收集了火星大气成分、温度、比重、地形的数据，

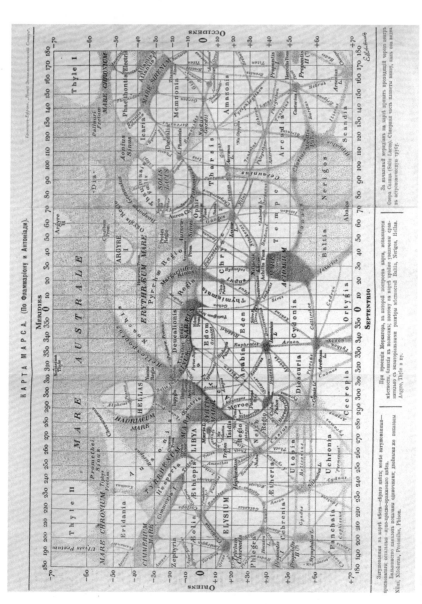

图2.7 由弗拉马里翁(Flamarion)和安东尼亚迪(Antoniadi)绘制的早期火星地图,这张地图上的命名大部分沿用至今。

共返回数据540 Tbits，包括7329张照片，覆盖了超过80%的火星表面。当探测器的姿态控制气体耗尽后，它于1972年10月27日停止工作。"水手9号"将会留在环火星轨道上至少50年，直到最后掉入火星大气层。"水手9号"探测任务对80%以上的火星表面制图，包括火星火山、峡谷、极冠以及火卫一和火卫二的第一批详细图像，同时获得了有关火星全球性尘暴、三轴形状、不均匀的重力场以及火星表面风成活动的信息。

2001年4月，美国"火星奥德赛2001"探测器发射升空，它是NASA"火星探测者2001计划"中的轨道器部分，由于该计划原来包括的另一项着陆器任务被取消，"火星奥德赛2001"就成了一个完完全全的轨道器任务。

2002年，"火星奥德赛2001"中子谱仪得到的结果显示，火星表面下含有丰富的氢，由于氢很可能是以水分子的形式存在，所以氢信号的强弱可以间接反映水含量的多少。

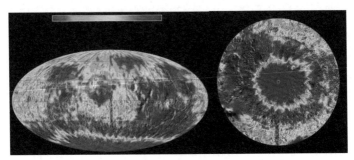

图2.8 "火星奥德赛2001"中子谱仪得到的火星全球中子分布图（左）和火星南极地区中子分布图（右）。

2005年,美国又一个火星轨道器"火星勘测轨道器"发射升空,2006年3月到达预定火星轨道,成为一个在火星大气层顶端(距火星表面300 km)飞行的轨道器,并开始对火星进行新一轮遥感勘测。"火星勘测轨道器"的光谱仪在火星表面发现大量水合二氧化硅,这表明液态水在火星表面持续存在的时间可能要比之前认为的还要长10亿年。科学家分析认为,在大约20亿年前,火山活动或陨星撞击形成的火星矿物被液态水改变,形成了水合二氧化硅。水合二氧化硅不仅是液态水存在的佐证,而且在塑造火星表面及形成支持生命的环境中扮演了重要角色。

"火星勘测轨道器"搭载的浅层雷达所绘制的火星北半球中纬度地区地图表明,在碎石表层下广泛埋藏着冰层。发现冰层的位置一般都是在平顶山和悬崖的底部周围,而且通常位于峡谷和撞击坑之内。

2013年11月,美国轨道器"火星大气与挥发物演化"(Mars Atmosphere and Volatile Evolution,缩写为MAVEN)发射升空,2014年9月抵达火星轨道。MAVEN通过测量火星高层大气与太阳和太阳风的相互作用,研究了火星大气的逃逸过程。火星大气逃逸主要发生在三个区域:一是太阳风吹到的火星背面,占大气逃逸总量的75%;二是极区上空,占大气逃逸总量的约25%;三是绕火星的延展云层,仅占大气逃逸总量的很小部分。除了太阳风,不时出现的太阳风暴产生的影响更为显著,尤其是在太阳系形成的早期,太阳风暴出现更频繁。当太阳风暴击中火星大气层时,大气逃逸速率会提高10%~20%,平均火星每秒约有100 g的大气被吹走,"就像小偷每天从收银台偷几个硬币"。在太阳风暴期间,对火星大气层侵蚀显著增加,所以几十亿年前当太阳年轻和更加活跃时,火星大气层的损失更为严重。

这些发现首次以确凿数据的形式揭示了火星大气散逸的速率、路径及火星大气的演化史,推断出太阳风正是导致火星大气层和水消失的原因。太阳风剥离了火星的大气,火星失去了它的磁层,接着宇宙线和紫外线冲击了火星表面,然后水资源逃离到空间中和地层下,火星表面逐渐由温暖潮湿变得寒冷干燥,使这颗星球变得荒凉干燥,原本炎热和覆盖流动水的火星表面彻底改变。

同时,MAVEN的探测结果也表明,在火星形成之后不久,这颗星球上出现生命的机会便已经不复存在了,而当时,地球上刚刚出现最原始的微生物。

也有不少火星探测任务运用了轨道器加着陆器的模式。

20世纪70年代后期,美国"海盗1号""海盗2号"探测器相继登陆火星。它们的轨道器均绕火星飞行了数百乃至上千圈,并且发回了上万张照片。着陆器则研究了火星表面和大气的生物学、(有机和无机)化学组成、天气、地震、磁性、形貌和物理性质。

图2.9 "海盗2号"探测器。

2003年6月,美国"火星快车"轨道器搭载着"贝格尔2号"着陆器启程前往火星。不过,"贝格尔号"在进入火星大气层后就杳无音讯了,整个"火星快车"任务也因此在实质上沦为了轨道器探测。据事后分析,根据"火星快车"得到的测量结果,当时的火星大气比原先预想的要稀薄得多。因此,"贝格尔2号"无法借助足够的大气摩擦力,使其着陆时的速度降低到一定程度,未能及时打开降落伞而直接坠落在火星表面,而设计用于着陆缓冲的气囊也来不及充气。

不过,"火星快车"轨道器也为我们提供了弥足珍贵的探测数据。

一是在火星北极附近一个未命名的撞击坑底部发现了一块水凝结成的冰。这个撞击坑宽35 km,深达2 km。图2.10中位于撞击

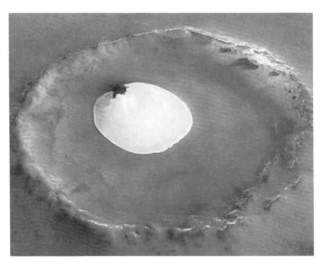

图2.10 "火星快车"轨道器的高分辨率立体相机发现的冰。

坑底部中央明亮的圆形区域就是残留的冰。由于环境温度和压力不足以使冰融化,因此这个白色区域终年存在。科学家判断这块冰不可能是干冰(CO_2),因为在拍摄照片时(火星北半球的夏季末)火星北极地区的干冰已经消失。明亮区域(还不能完全肯定只有冰)的上部与撞击坑底部的距离应为200 m,最大的可能是冰层下部有一个巨大的沙丘。事实上在冰层最靠东边的边缘已经有一部分沙丘暴露出来。在撞击坑的边缘也可依稀看到冰的痕迹,在撞击坑西北部(照片左边)没有冰的痕迹,这是因为这些区域朝着太阳的方向,接收了更多的阳光。

二是首次探测到火星上的极光现象。"火星快车"轨道器上的火星大气特征探测光谱仪和其他仪器观测到9次火星极光现象,它们将这些图像数据绘制成未加修饰处理的火星极光图像。极光在地球上是壮观美丽的景象，通常出现在南极和北极地区。类似的极光现象也出现在木星和土星表面，在这些行星表面，磁场与大气中的带电粒子交互影响，从而形成极光现象。与其他行星不同的是，火星缺少产生行星磁场的内部构造，火星表面广泛分布着区域磁场，"火星快车"观测数据显示，火星表面的极光很可能是由电子等带电粒子与大气中的分子发生碰撞而产生。

2008 年 5 月，美国"凤凰号"探测器在火星北极成功着陆。"凤凰号"的土壤分析首次证实火星北极土壤呈弱碱性。此外，"凤凰号"还在火星土壤中发现了少量的盐，这很可能是过去火星生命的养分；发现了氧化性极强的高氯酸盐，这表明火星过去的环境可能比想象还要严酷；发现了碳酸钙等矿物形式，表明过去这些火星矿物的形成曾有水的参与。

"凤凰号"的探测也进一步支持了人类火星探测以"找水"为线索的思路。"凤凰号"在加热火星土壤样品时鉴别出有水蒸气产生，从而确认火星上有水。它的机械臂将处于冰层上的土壤挖掘出来，从中发现了至少两种截然不同的冰层类型。"凤凰号"还研究了火星北极着陆点的土壤化学性质及矿物成分。结果显示，当地在几百万年前曾经拥有比现在更潮湿、更温暖的气候，而且温暖潮湿的气候在未来还有可能会出现。"凤凰号"带来的最大惊喜是在火星的土壤中发现了高氯酸盐，它具有极强的吸水作用，因此可以吸

图2.11 "火星快车"轨道器拍摄到的火星极光。

图2.12 "凤凰号"探测器。

收火星大气中的水分。在更高的浓度下,它还能和水结合形成盐水,并且在火星表面的温度下依然保持液态。地球上的一些微生物就直接以高氯酸盐为食,未来的载人探测则可以以此为燃料或者用它来生产氧气。这也使得以水为中心的火星探测开始往以化学为中心的方向转变。

此外,"凤凰号"携带的"气象站"观测台上的一个激光设备,在距火星表面约4 km的高度上探测到了来自火星云层中的降雪。在这之前科学家已经知道火星的极冠会在冬季向南扩张,但是并不清楚水蒸气是如何从大气循环到地面的。这一发现也说明了火星地面上会出现季节性的水冰沉积。

除了上述这些传统着陆器之外,还有一些特殊的着陆器也探索了火星,它们就是功能更强大、目标更明确的火星车。

1996年,美国"火星探路者号"探测器发射升空,它包括一个被称为"旅居者号"的火星车和一个火星表面小型气象站。"火星探路

图2.13 "旅居者号"火星车。

者号"探测活动获取了高精度、高清晰度的火星照片,并显示火星上有大量类似古河道的证据。1997年9月27日,该探测器通信中止,原因不明。

2003年6月,美国"勇气号"火星车发射升空,2004年1月登陆火星3小时后,就向地球传来了第一幅照片,照片上是一片散布着小石块的平原。

2007年5月,"勇气号"在火星土壤中发现二氧化硅,这是火星上曾经有水的直接证据。2006年,"勇气号"6个轮子中有一个被锁住,出现故障的轮子不得不由其他轮子牵引前行。当这个无法滚动的轮子在火星表面上拖行露出一片土壤层时,探测器上的分光仪揭示其中富含大量的二氧化硅,而在此之前的两个探测器均未

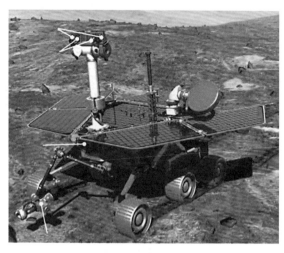

图2.14 "勇气号"火星车。

发现过该类物质。因为二氧化硅是火星上曾经有水的最有力证据，所以有科学家将"勇气号"发现二氧化硅称为其"最重大的科学发现"。

"勇气号"通过检测还发现，火星土壤中含有硫酸盐，这也表明火星上曾存在水。（高盐分土壤通常表明曾经存在咸水，因为盐分能够凝结，而水分被蒸发。）

同样是2004年，美国"机遇号"火星车也抵达火星。它的着陆地点出现了存在粗粒赤铁矿的证据，而赤铁矿是一种通常在水中形成的矿物。此外，"机遇号"在穿越子午线高原向西方前进的过程中，先后发现了两块陨石，它们是30亿年前先后落在火星表面的且来源于同一天体的铁陨石。

2011年，美国新一代火星科学实验室发射升空，这就是大名鼎鼎的"好奇号"。此次任务总耗资25亿美元，是历史上花费最大的火星探测任务。重金打造的"好奇号"也成了历史上最先进的火星探测器。它的个头与一辆汽车相当，质量是"勇气号"和"机遇号"火星车的5倍，长度则是它们的2倍多，采用核动力发电，共携带10种（套）先进的科学仪器。

"好奇号"也不负众望，取得了诸多火星探测成果，主要有：（1）发现湖泊遗迹。2013年12月9日，《科学》期刊上发表了一篇名为

图2.15 "好奇号"火星车。

"火星盖尔撞击坑黄刀湾内存在适合生存的河湖环境"的论文。文中指出,"好奇号"发现盖尔撞击坑曾经存在一个非常适宜火星生物圈存活的湖泊。分析显示,这处火星湖存在于36亿年前,续存时间长达数万年甚至更久。当时,地球上的原始生命形式刚刚踏上它们的进化历程。火星的这处湖泊具有多个适合生命存活的特点,如水体平静,水质酸碱度适中,而且拥有丰富的、维持生物生存所需的化学成分等。(2)探测到浓度为7 ppb(10亿分之7)的甲烷。(3)打钻取样发现有机碳颗粒。(4)发现火星岩石中存在氮化物。

我国的火星事业也同样有声有色。2011年11月,我国火星探测计划中的第一个火星探测器"萤火一号",搭载于俄罗斯"福布斯-土壤号"探测器(其中,"土壤号"的探测目标是火卫一)内部,搭乘俄罗斯"天顶号"运载火箭发射升空。"萤火一号"的主要探测目标是探测火星空间环境、火星水、火星地质演化。遗憾的是,"萤火一号"搭载的"福布斯–土壤号"探测器变轨失败,随后便与地球失去了联系。"萤火一号"探测任务只能以遗憾告终。

2019年4月17日,我国首个火星生存模拟基地"火星1号基地"在甘肃金昌的荒芜群山中开营,100名青少年在此开启了5小时的"火星之旅",成了火星基地的第一批"火星游客"。按照规划,这个基地建成后,整体占地面积将达到67 km²,其中核心建设区5 km²,包括乘员舱、总控舱、生物舱、气闸舱等在内的九大模拟舱,能够真实模拟航天员在地外训练和地外生存的环境。在"火星1号基地"内,人们可以穿上宇航服,在模仿火星地貌的环境中行走、探索洞穴,在银色的模拟舱穹顶之下体验火星生活。当然,这还不是训练宇航员在火星生存的基地,而是中国青少年航天科普项目的启动项目。这个项目在中国航天员中心的技术支持下建造,含有航天科研、航天科普、航天生活、航天文旅、生态保护、军民融合等多种功能。中国航天员中心希望借此带动航天科普事业的发展。

2020年7月23日,中国发射了第一个火星探测器"天问一号",迈出我国行星探测的第一步。任务目标是通过一次发射,实现火星环绕、着陆和巡视探测,获取火星探测科学数据。根据计划,"天问一号"探测器将飞行大约6.5个月抵达火星,于2021年2月11~24日环绕火星运行,并于2021年4月23日在乌托邦平原南部区域实施软着陆,降落一台火星车到火星表面,进行时长90天的探索工作。中国首次自主火星探测通过轨道器+巡视器(火星车)的方式,

图2.16 "天问一号",着陆器上装载着巡视器(火星车)。

对火星的全球探测与局部精细探测相结合,探测的科学目标包括:
(1)火星地形地貌、物质成分的探测与研究;(2)火星土壤厚度、成分及其分布;(3)火星次表层地下水体的分布;(4)火星重点地区(着陆候选区)的详查;(5)火星磁层、电离层、大气层和气候特征;(6)火星物理场(磁场、重力场及内部结构)探测。

人类探测器探测火星的历程,我们就先介绍到这里。不过,值得一提的是,火星作为人类寄予厚望的地外生命候选地,还有着其他绝大多数行星所没有的探测方式,比如之前提过的陨石研究。

1984年在南极艾伦山发现了一块重约1.9 kg的火星陨石,编号为ALH 84001,由98%粗粒状的斜方辉石、陨玻长石、橄榄石、铬铁矿、二硫化铁、碳酸盐与页硅酸盐组成。1996年在ALH 84001陨石中发现了疑似蠕虫化石的结构(见图1.21)。美国一些科学家研究认为，它们可能是细菌化石。在化石中发现了磁铁矿和黄铁矿颗粒的形态及排列、碳酸盐的微结构、多环芳烃的特征，以及生物膜的微结构等，这暗示火星在36亿年前可能存在原始形态的微生物。

不过这些结构实在太小，很多卵球形体微细菌颗粒直径为100 nm，长度相当于300多个原子排列起来，宽度相当于60多个原子，体积约为现在已知的地球上最小的细菌的1/200~1/100。这么微小的生命是怎么完成新陈代谢的呢？一个简单的载有遗传信息的DNA分子就大于100 nm（一对核苷酸约为1 nm，一般来说，一个DNA分子由成千上万个核苷酸对组成），大小在100 nm的颗粒远远小于维持最低生命要求的有机体，甚至不能确定它们是不是通过有机过程产生的，因为这些结构所代表的脂类分子既可以由生物体分解产生，也可以通过非有机过程产生。

但是人们一直努力，从ALH 84001中找到了火星曾经有过或仍然有生命存在的证据，并由此引发了一场迄今仍未停止的争论。持反对意见的科学家认为：类似细菌形态微生物结构属于非生物成因即火星地质过程形成，包括南极水冰的污染、多环芳烃等有机物的非生物成因机制、类似细菌形态微结构的非生物成因、碳酸盐的高温成因等。例如，麦克凯伊（David Mckay）等人最初将其解释为化石中的纳米级生物。随后，布拉得雷（J. P. Bradley）等人认为颗粒太小，不是化石细菌，不存在纳米化石，大部分是非生物成因。但吉莱塔（P. H. Gilleta）等人申明在Tatahouine陨石中发现了纳米级生物,吉布森(E. K. Gibson)等人在两块新的火星陨石(13亿年前的Nakhla陨石和3亿~1.65亿年前的Shergotty陨石)中发现了火星生命新信息,发现有各种形态的"微生物结构"。Nakhla陨石的母岩体是在约13亿年前冷却结晶的,随后经历了两次严重的撞击。这两次撞击,第一次约发生在9.1亿年前,第二次则约发生在6.2亿年前。第二次的撞击事件孕育发生时,很显然有一股热泉流过了出露的Nakhla陨石母岩体。接着,约在1000万年前,又一次撞击事件让Nakhla陨石离开了火星,进入太空围绕太阳运转,并终于在1911年坠落在埃及境内。Nakhla火星陨石的电镜图像显示出一个奇特的椭圆形结构。

通过Nakhla火星陨石中特异椭圆形构造的透射鲜亮微镜图像,可知椭圆结构大小约为$80\ \mu m \times 60\ \mu m$,这一大小远超过大多地球上的细菌种类,但依旧处在地球真核微生物大小范围内。单细胞真核微生物是一类特殊生命体,有细胞核和核外细胞器。科学家认为这一构造属于该陨石本身所含有,而非落到地球上以后遭受污染所致。但多数科学家认为这一椭圆形物体主要的成分是富铁的黏土,何况其中还含有许多其他类型的矿物。这一结构最有可能是后期形成的矿物充填了岩石中原有孔洞(如水汽挥发遗留的空穴)后构成的,它是地质成因的可能性要大于生物学成因的可能性。

Shergotty陨石尽管与ALH 84001及Nakhla一样,具有早期地球微生物化石特征,但是最终也未被证实。总之,对 ALH 84001、Nakhla 和 Shergotty 陨石的研究,激发了人们对火星生命的好奇心,而确定的答案可能存在于尚未出现的陨石中或未来采样返回的火星样品中。

2011 年 7 月降落在摩洛哥沙漠里的 Tissint 陨石,是第 5 块降落型火星陨石,更是迄今为止最新鲜的火星陨石样品,为研究火星古环境乃至探索可能存在的火星生命痕迹等提供了极好的机会。除了 Tissint 陨石之外,其他 4 块火星陨石降落于 1815~1962 年,距今 50~100 年,并且在 1983 年之前,科学界并不知道这些陨石来自火星,因此这些样品实际上也没有被很好地保存。这也是为什么 Tissint 陨石具有非常重要的科学价值的原因。

林杨挺研究团队利用中国科学院地质与地球物理研究所的激光拉曼光谱仪和纳米离子探针,对 2011 年降落在摩洛哥沙漠的 Tissint 火星陨石开展了系统的精细分析测试与研究,发现了火星陨石中几微米大小的碳颗粒,并证明这些碳是来自火星的有机质,进而测定出它们是由具有典型生物成因特征的、富集轻的碳同位素组成。

他们利用激光拉曼光谱仪对这些碳颗粒进行分析,得到的光谱特征跟煤很相似,而不是与石墨相似。他们进一步利用纳米离子探针,分析了 H、C、N、O、P、S、Cl、F 等元素和 H、N 和 C 的同位素组成,得到的结果进一步证实这些碳颗粒是跟煤相似的有机质。

Tissint陨石非常新鲜,因此受到地球污染的机会很小。不仅如此,为了进一步确证这些有机质来自火星本身,研究团队利用纳米离子探针分析了D/H值。分析结果表明,这些有机质的氢同位素组成完全不同于地球上的有机质,而是富氘的典型的火星物质特征,因此可以确定它们是来自火星。这些碳颗粒在陨石样品中以两种形式出现,即大部分颗粒充填在矿物晶体的微细裂隙中,还有一部分颗粒被完全包裹在硅酸盐熔脉中。这些硅酸盐熔脉是玄武岩质类型火星陨石中最常见的冲击变质现象,是小行星在火星表面强烈撞击产生的高温高压使样品局部熔融而形成。碳颗粒包裹在这些冲击熔脉之中,表明它们的形成比火星上的小行星撞击事件还早,这也是火星来源的另一重要证据。此外,包裹在冲击熔脉中的碳颗粒有一部分在高温高压条件下还发生了高压相变,形成纳米粒度的金刚石。

碳的同位素组成是指示含碳物质是否具有生物成因的关键证据。生物作用一方面会产生明显的同位素组成变化,即同位素分馏;另一方面,这种变化朝向富集轻的同位素方向。因此,地球上有机质(沉积岩中、石油、煤)的碳同位素组成与其他含碳物质(如海相碳酸盐、大气二氧化碳、地幔)相比,具有明显富集轻的碳同位素特征。研究团队同样利用纳米离子探针对Tissint陨石中的碳颗粒进行了精确的碳同位素组成分析,结果表明,它们相对于火星大

气的 CO_2 和火星上的碳酸盐而言，更富集轻的碳同位素，而且它们之间的碳同位素组成具有明显的差异，与地球上的情形非常类似。火星陨石中有机碳颗粒的碳同位素组成与地球沉积岩中的有机质、煤和石油的碳同位素组成一样都具有富集轻的碳同位素组成特征。这也是迄今为止所报道的火星上可能有过生命活动的最有利的证据。

中国科学院地质与地球物理研究所比较行星学学科组博士后胡森与合作导师林杨挺研究员等人借助该所的纳米离子探针，对在南极洲格罗夫山发现的 GRV 020090 火星陨石中的岩浆包裹体和磷灰石的水含量以及 H 同位素组成进行分析，发现样品岩浆包裹体的水含量和 H 同位素具有非常好的对数相关性，指示火星大气水交换的结果，从而推断火星大气的 H 同位素组成为 6034±72‰，与美国"好奇号"火星探测器对火星土壤水最新的探测结果一致。此外，这些岩浆包裹体的水含量和 D/H 值非常不均匀，两者都从中央向外逐渐升高，表明这些水是由外部通过扩散进入冷却后的岩浆包裹体。因此，该研究表明这是火星大气水而不是岩浆水，这是首次发现火星存在大气降水的同位素证据。通过对水在这些岩浆包裹体中的扩散模拟，可进一步对液态水存在的最长时间进行估算。结果表明，在 0 ℃的条件下，液态水最长可存在 13万~25 万年，如果温度升高到 40 ℃，则时间缩短至 700~1500 年。这表明 GRV 020090 火星陨石的岩浆上侵至火星近表面时，其热量融化了周围的冻土层，形成了一个区域性的、有限时间的地下热水体系。同时，由于所测得的D/H值远高于之前报道的结果，表明有更多的水逃离了火星，意味着火星早期曾经有过更深的海洋。对GRV 020090火星陨石中磷灰石进行分析，发现水含量和H同位素呈正相关，指示了水在残留岩浆中由于无水矿物的结晶而不断富集，以及岩浆在上升过程中加入了含水火星壳源物质。采用最早结晶的磷灰石的水含量进行估算，得到火星幔的水含量仅约为38~45 ppm，与地球的地幔相比具有明显贫水的特征。

火星是深空探测的热点。人类不懈地探索火星，最主要的动力是期盼发现地球以外的生命，最终将火星改造为人类的第二个栖息地。人类开展了多方面的探索研究，除了代价高昂的深空探测之外，研究火星的另一条有效途径是在实验室对火星陨石进行各种精细的分析测试。到目前为止，收集并确认的火星陨石已达157块。迄今为止，人类还没有开展火星采样返回，火星陨石是人类目前唯一获取的火星岩石样品，是人类可直接在实验室进行分析的宝贵材料。未来收集到足够多的火星陨石，人类将获取有关火星表面各种岩石的类型、年龄、成因的相关信息，进一步了解火星历史。

2.4 矮行星、小行星和彗星

八大行星及其卫星之外，太阳系中的重要天体还有矮行星、小行星和彗星。其中，矮行星的定义其实尚不那么明确，目前公认的

5颗矮行星是曾经位列"九大行星"的冥王星、曾被划分为小行星的谷神星、海外天体(轨道在海王星外侧的天体)阋神星、妊神星和鸟神星。按照定义,矮行星的质量及大小均介于行星和小行星之间,即最大的矮行星(冥王星)也要小于最小的行星,再加上除了谷神星之外的矮行星都远在海王星轨道之外,从太阳那儿获取的能量极少,所以除谷神星之外的矮行星上的环境也极不利于生命的诞生与发展。

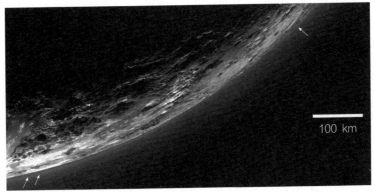

100 km

图2.17 "新视野号"拍摄的冥王星表面。

不过,谷神星倒是值得说道说道。谷神星是目前最小的矮行星,直径大约950 km,也是唯一一颗处于小行星带中的矮行星(在被划归为矮行星之前,也是最大的小行星)。这颗矮行星很是特别,因为人类通过赫歇尔望远镜观测到了谷神星表面的水蒸气!水蒸气从哪儿来呢?有两种可能:一是谷神星表面的冰在接收太阳的能量后蒸发;二是谷神星存在内部能量机制。2007年,人类历史上第一个专事小行星探测的美国"黎明号"探测器发射升空;

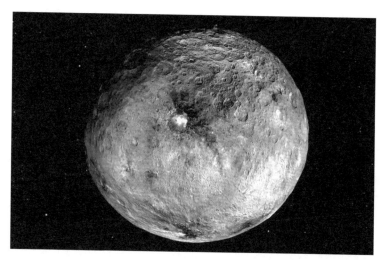

图2.18 "黎明号"拍摄的谷神星。

2015年,其进入谷神星轨道。"黎明号"拍摄了谷神星地貌,发现了撞击坑和坑内可能是水冰的亮斑,并且还在2017年发现了有机化合物的踪迹。研究人员认为,从目前的种种迹象看,这些有机物并不是外源性的,而是谷神星上土生土长的。另有科学家认为,谷神星内部仍有热源,且富含水冰,冰盖下甚至有可能有海洋。

概言之,谷神星表面必然有水(冰),很可能有"自产"的有机物,且内部有能量源的可能性不小。无怪乎有学者表示"谷神星上存在生命的可能性一点不比其他地方小"了。

那么小行星又如何呢?太阳系中的小行星绝大多数分布于火星与木星轨道之间,形成了一个小行星带,少数分布于距太阳遥远的柯伊伯带[距太阳50~500个天文单位。天文学家将太阳与地球之间的平均距离定义为1个天文单位(AU),约合1.5×10⁸ km。]中。目前已经确认的小行星数量已有上百万,但其中直径达到100 km以上的寥寥无几,而直径800 km以上的,都已经或准备划归到矮行星行列,且因为自身质量有限,无法把自己塑造成球形。因此,严格来说,我们现在所称的标准意义上的小行星,基本就是一些漂浮在火星与木星轨道之间寒冷空间中的超大石块。从能量角度上看,小行星带不在太阳系宜居带中,因为自身质量过小也无法利用潮汐能与地热能。因此,小行星上出现生命的可能几乎不存在。

图2.19 柯伊伯带艺术模拟图。

最后,我们来考察一下彗星。彗星主要由冰物质构成,还包含氨、甲烷、硫化氢、氰化氢和甲醛等物质。彗星在接近太阳时会出现物质升华现象,形成一道物质流,在地球上看来,就好像一柄扫把,所以彗星在民间也称为"扫帚星"。

彗星可分为周期彗星和非周期彗星。它们的行进路线都是从遥远的地方(比如柯伊伯带、奥尔特云)奔向太阳。区别在于,周期彗星在抵达太阳附近后,又会回到起点,如此周而复始,比如著名的哈雷彗星,回归周期就是76年;而非周期彗星则会在抵达太阳附近后一去不返。无论是周期彗星还是非周期彗星,它们的旅途都十分漫长,旅途期间要经过无数质量不一的天体的引力区,接受不断的引力撕扯;在抵达太阳附近时,还会经历巨大的温差变化,很难想象有什么生命能够在如此"折腾"的环境下生存下来。

不过,彗星对生命的起源确实起到了至关重要的作用。彗星是一个携带水和有机物的长途旅行者。它们在广袤的宇宙空间中来回奔波,四处播撒水分和有机物,也就相当于播撒生命的种子。正因为彗星在生命的形成过程中扮演了如此重要的角色,所以我们便设想通过取样验证自己的想法。在第1章我们已经提到,1999年发射的美国"星尘号"探测器飞越"维尔特2号"彗星,从彗发中收集到了彗星样品,发现了多种生命的分子。此外,科学家在"维尔特2号"彗星样本中发现了只有在高温下才可以形成的物质——橄榄石(硅酸镁和硅酸铁构成的晶体)。这实在是出人意料,因为人们之前一直以为彗星主要由冰及少量其他物质(包括有机物)构成。橄榄石的出现提醒我们,彗星的性质和宇宙早期的环境仍有很多我们尚不知晓的内容。直到现在,科学家们仍在研究这批珍贵的样本资料。

2.5　巨行星卫星

　　火星轨道之外的四颗行星(木星、土星、天王星、海王星)统称为"类木行星",也叫巨行星。与类地行星相比,类木行星质量大、体积大、密度相对较小,且没有固态表面。此外,类木行星因为离太阳较远(不在太阳系宜居带中),表面温度相当低(木星和土星表面温度低于-100 ℃,而天王星及海王星的表面温度则要低于-200 ℃)。这样的环境显然不符合我们的期待,其中最重要的问题还是因距太阳过远而导致的能量不足。

　　然而,这些巨行星的卫星中却有一些我们意想不到的收获。虽说是卫星,但它们中有的个头一点不小。比如,后文中即将要提到的土卫六、木卫三、木卫四,它们的体积均达到甚至超过了水星。当然,因为成分不同,这些卫星在质量上还难以与水星匹敌。

　　前面说到,巨行星之所以缺乏孕育生命的土壤,最重要的原因还是因为距太阳过远导致的能量不足,但它们的部分卫星却在机缘巧合下解决了能量来源的问题,其中的奥秘就在于潮汐现象。

　　说起潮汐现象,我们地球人并不陌生。"潮起潮落"一词,想必大家都听过、说过、写过。不过,究竟是什么造成了潮汐现象呢?

答案就是引力。地球上的海水不断受到月球和太阳引力的拉扯，再加上地球本身的自转，就形成了周期性的潮起潮落现象。著名奇景钱塘江大潮就是在地球、太阳、月球处于一直线时，潮水同时受到太阳和月球的引力拉扯而形成的。

潮起潮落只是一种表象，它反映的是太阳、月球引力在地球上产生的巨大能量。地月系统中的潮汐作用就如此强大，木星及其卫星系统中的情况又如何呢，要知道木星的表面重力可是地球的2.5倍，是月球的15倍！（由于木星系统距太阳过远，且木星自身引力场极为强大，太阳引力对木星系统潮汐作用的贡献就小得多了。）

木星及其卫星系统

木星是太阳系中质量最大的行星，是其他七大行星质量总和的2.5倍。这个大块头还有很多"小跟班"——目前已经确认木星有至少79颗卫星。虽说是"小跟班"，但其中部分卫星的大小甚至超过了水星这颗行星。例如，木卫三是太阳系中最大的卫星，体积超过了水星，质量也差不多是水星的一半。

在这一大群木星卫星中，最有名的就是木卫一、木卫二、木卫三和木卫四，原因无他，唯体积大而已。木星的这四个小兄弟大到什么程度？1610年，当伽利略（Galileo Galilei）第一次把他自制的天文望远镜对准木星观测时，就发现了这四颗卫星。因此，木卫

图2.20 伽利略卫星，从左到右依次为木卫三、木卫四、木卫一和木卫二。

一、木卫二、木卫三、木卫四又有了另一个名称——"伽利略卫星"。伽利略不会想到，如今他发现的这四颗卫星竟然成了我们搜寻地外生命的重点区域，并且，执行木星系统探测任务的探测器就以他的名字命名。

这四颗卫星同处木星强大引力场的深处，彼此间也互相影响，于是，强烈的潮汐作用不断撕扯着它们，产生了巨大的能量。那么，这些能量够不够形成适宜生命出现的环境呢？下面，我们就跟着探测器的脚步，亲自到这四颗卫星上一探究竟吧。

1979年，"旅行者1号"探测器抵达木星轨道，它在飞掠木卫一时，拍摄了第一张这颗卫星的照片。与水星、月球坑坑洼洼的表面不同，照片中的木卫一表面相当平滑，鲜有撞击坑，四处遍布着熔岩流和火山口。顺便一提，很多以外太阳系为目标的探测器都会经过木星，因为木星强大的引力可以为探测器加速，这种效应称为"引力弹弓效应"。

　　美国"伽利略号"探测器在1995~2002年10余次飞掠木卫一，发回了大量数据，主要发现有三点：其一是发现木卫一有铁质内核；其二是发现木卫一上火山活动极为活跃，地质结构相当年轻；其三是发现木卫一上有极光现象。

　　2007年，以探测冥王星和柯伊伯带为主要任务目标的美国"新视野号"探测器飞掠木卫一，却拍摄到了惊人的一幕：木卫一上一座火山喷出了高逾300 km的熔岩！起初，科学家认为，构成这些熔岩的主要物质是硫磺及其化合物，毕竟木卫一表面到处都是火山喷发出的硫化物，但进一步的分析显示，这次火山喷发的喷出物主要由玄武岩及一些镁铁质构成。

　　木卫一的表面温度在-140 ℃左右，但因为火山活动频繁，局部热点地区的温度可达1700 ℃以上。从这一点来看，木卫一现在的环境有点类似早期地球，地质活动频繁且地表熔岩遍布（不过，木卫一的熔岩成分主要是硫磺及硫化物）。前面已经说过，这样的环境堪称生命的炼狱，熔岩会把任何生命的种子扼杀在摇篮之中。不过，与我们的预想不同，这座炼狱的成因并

图2.21　木卫一地表熔岩遍布。

不是原来想象中的能量不足,竟然是能量过剩！足可见木星系统的潮汐效应之强。

木卫一是4颗伽利略卫星中距木星最近的卫星,潮汐效应带来的能量已经达到了"过犹不及"的程度,那么距木星稍远一些,因而理论上潮汐效应会略小一些的其他3颗伽利略卫星情况又如何呢?

"伽利略号"探测器发回的数据表明:木卫二表面以硅酸盐岩石为主——同我们的地球一样;可能有金属内核——同我们的地球一样;表面可能有颇厚的冰层——与地球某些地区类似,这片冰层之上布满了纵横交错的条纹,看上去似乎与地球上的南极地区相似。此外,木卫二上有时还会出现高达200 km的"喷泉"。"伽利略号"探测器还发现,木卫二表面之下有导体流动,产生了微弱的磁场。后来,科学家还发现了木卫二可能存在洋流和板块运动的一些证据,这至少证明木卫二内部活动相当剧烈。种种迹象表明,木卫二的冰层之下是庞大的液态水海洋,并且含盐量颇高。2013年,科学家还宣布在木卫二表面发现了黏土质矿物。

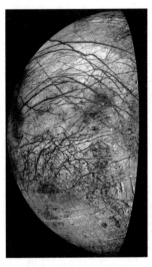

图2.22 木卫二表面的冰层。

有机物、液态海洋、内部能量，这三大要素木卫二都有了。此外，木卫二表面的冰层还能保持其下庞大海洋环境的相对稳定。而木星强大的磁场也能为木卫二屏蔽大量宇宙射线和太阳辐射。再加上可能存在的洋流和板块构造运动，实在是很难不让我们把木卫二同生命联系在一起。深海生态学家尚克（Timothy Shank）就说："如果木卫二上没有生命，那才是奇怪的事。"

还有一个故事更能说明科学家对木卫二生命的期待。2003年9月，"伽利略号"探测器在工作8年多之后（原计划工作2年），美国国家航空航天局原本计划让它停留在木星环绕轨道上继续运行，但考虑到"伽利略号"并没有经过消毒处理（"伽利略号"的主要任务也不是寻找外星生命）以及木星复杂的引力环境，为避免"伽利略号"与木卫二相撞，导致后者环境污染并进而影响生命的发展，最终决定让"伽利略号"在尚有燃料之时一头扎进木星大气。勤勤恳恳工作8年之久的"伽利略号"就这样为人类的天文事业发挥了最后一丝余热。

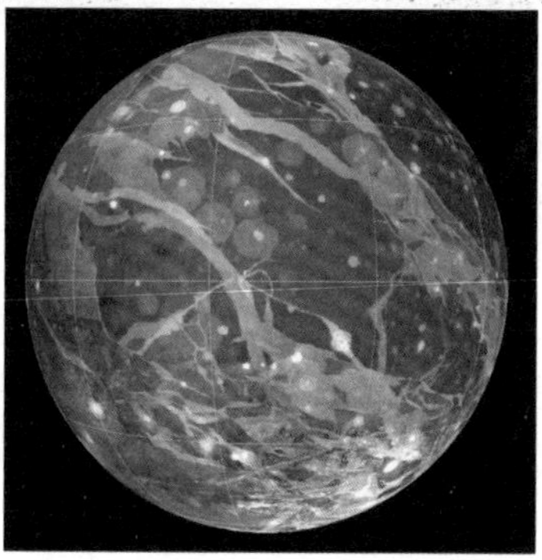

木卫三是太阳系内最大的卫星，同时具有较强磁场。它的情况与木卫二类似，冰层之下是含盐量极高的海洋，且按照目前的估计，总水量超过地球。因此，木卫三的海洋中很可能也有

图2.23　木卫三的冰层下也是海洋。

生命存在。不过,木卫三的潮汐效应比木卫二弱,内部能量会稍小一些,人们普遍认为,木卫三上有生命存在的可能性要比木卫二小一些。值得一提的是,公元前4世纪的战国时期,齐国天文学家甘德在论及木星时写道:"若有小赤星附于其侧。"后来,这句话被唐代瞿昙悉达引录到《开元占经》中。而木星最亮的卫星正是木卫三(最亮时视星等约4.6等),我国天文学史专家席泽宗据此推测,甘德才是第一个发现木卫三的人。

图2.24 木卫四表面遍布撞击坑。

木卫四的情况则不容乐观。虽然现在已经基本肯定木卫四地表之下也存在液态水海洋,并且木卫四显然也受到潮汐作用影响,但这颗卫星上存在生命的可能性远小于木卫二和木卫三。这主要是因为,木卫四是四颗伽利略卫星中距木星最远的,受到的潮汐影响最小,多数科学家认为木卫四因潮汐作用获得的能量不足以满足生命需要。"伽利略号"发回的数据表明,木卫四表面遍布撞击坑,且这些撞击坑地质年龄古老,应当是许久之前受外来物撞击所致。此外,这么多奔赴木星的探测器均未发现木卫四有板块运动、地震或者火山活动,这很可能意味着木卫四内部活动微弱,印证了其能量不足的观点。当然,即便如此,我们也不能完全排除木卫四上存在生命的可能。毕竟，地球生命的顽强已经超乎想象，我们不能武断排除外星生命只需一丁点能量即可生存的可能。

木星及其卫星的故事我们就讲到这里，接下去，我们要前往另一颗类木行星一探究竟了。

土星及其卫星系统

同木星一样，土星也是一颗气态巨行星，主要成分是氢和氦，通体呈气态，只有核心区域可能有一个固态小核，再加上离太阳极远，与太阳系宜居带更是不沾边，很难想象这样的环境中有生命存在。

不过，同木星一样，土星的卫星中也暗含着生命的可能。

土星卫星的能量来源与木星卫星有些许不同。一方面，土星及其卫星距太阳更远，自身接收的太阳能量显然比木星还要少，太阳这个能量来源显然是指望不上的。另一方面，土星虽然也是个大家伙，但比起木星来只能算是小巫见大巫了——土星质量只有木星的大约30%。因此，土星及其卫星之间虽然也有潮汐作用，但由此产生的能量要比同等条件下的木星潮汐小得多。万幸的是，还有第三种能量来源作为补充，那就是地热。

相信不少读者都有过泡温泉的经历,而温泉就是对地热能的直接应用。行星地热能是一种古老的能量,主要来源则是行星内部放射性元素衰变释放的热能。以地球为例,地球自转、岩矿结晶等过程也会释放一些热能。因此,其实地球每分每秒都在向太空释放自己的能量。据估算,地球内部每年散失的能量相当于1000亿桶石油燃烧产生的热量。土星卫星因为质量、结构、成分等方面的原因,地热能总量可能不如地球,但也应该足以和潮汐能相辅相成,为生命提供能量了。

上面这些,只是我们的理论推测,事实到底如何呢? 让我们跟随探测器的脚步,去土星卫星上实地考察吧。

早在人类天文事业进入探测器时代之前,荷兰天文学家惠更斯(Christiaan Huygens)就在1655年用自制的望远镜发现了这颗外观呈土黄色的卫星——土卫六。这也难怪,毕竟土卫六是太阳系内第二大卫星,仅次于木卫三,体积超过了行星水星,是个名副其实的大块头。在不断地观测中,我们发现土卫六竟然有浓厚的大气层,大气压是地球大气的1.5倍! 这在太阳系卫星中算是独一份了。虽然还有一些卫星也拥有大气,比如前文所说的四颗伽利略卫星(值得一提的是,木卫二和木卫三大气中含有氧,但绝对不是生物活动形成的,可能成因是太阳光电离地表冰层的水分子),但它们的大气都相当稀薄,大气压不到地球大气的1%。正是土卫六的这层浓厚的面纱让我们无法窥见它的真面目。然而,浓密大气

图2.25 利用"旅行者1号"拍摄的土星系统各天体照片拼合成的土星及其主要卫星的艺术想象图。图中1~7分别为:1.土卫五,有散布地表的明亮条纹;2. 土卫二,被冰包围,有极高的反照率,非常明亮;3. 土卫四,表面由大片冰层覆盖;4. 土星,被光环围绕;5.土卫三,反照率高,明亮;6.土卫一,有一个非常明显的大撞击坑——赫歇尔撞击坑;7.土卫六,有浓厚的大气层。

的存在很难不勾起我们对土卫六生命的期待。因此,在设计"旅行者1号"和"旅行者2号"探测器的行程时,很多科学家都强烈建议路过土卫六去瞧瞧。在如此强烈的呼声下,这个建议当然被采纳了。

1980年,"旅行者1号"探测器飞掠土卫六,两者最接近的时候,前者距后者大气顶部仅4000 km之遥,这在天文尺度上已经算得上是"亲密接触"了。9个月后，"旅行者2号"也以飞掠形式探测了土卫六。根据这两个探测器发回的数据，土卫六的地表温度在-180℃左右，大气成分以氮为主（含量超过90%），这点和地球大气有些相似。最令人激动的是，"旅行者号"探测器在土卫六大气中发现了甲烷（2%~3%），这可是个大发现。要知道，甲烷是最基本的有机物，是形成生命基本单位的基础。甲烷的存在，无疑给我们对土卫六生命的期待打了一剂强心针。然而，令人遗憾的是，即便"旅行者1号"与土卫六曾如此接近，它也没能窥见土卫六面纱下的世界。屡立战功的探测器飞掠探测，因为这层厚重的面纱而失效了！看来，要想一窥土卫六的真容，就必须让探测器冲破它的大气，直接与地表接触。

正是出于这个目的，人类史上规模最大、行程最为复杂的行星探测器工程"卡西尼–惠更斯"项目诞生了。

"卡西尼–惠更斯"是一组母子探测器。母探测器"卡西尼号"携带着子探测器"惠更斯号"奔赴土星系统，在进入土卫六轨道后，"卡西尼号"通过自主引擎变轨，找到合适的时机释放"惠更斯号"，后者对土卫六展开登陆探测，而前者则留在土星轨道上进行环绕探测。因此，"卡西尼–惠更斯"项目其实是"一次任务，两个探测器"。此外，由于我们对土卫六大气层下的情形几乎一无所知，"惠更斯号"还设计了质量不小的防护罩。再加上两个探测器各自携带的先进仪器，整体的质量就蔚为可观了。以当时火箭的运载能

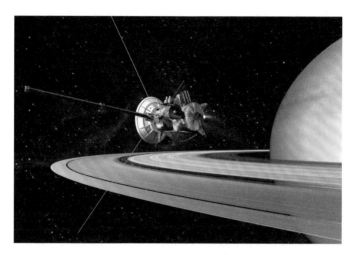

图2.26 "卡西尼-惠更斯号"母子探测器示意图。

力,无法将这么重的两个探测器直接送入奔赴土星的轨道。于是,人们就只能退而求其次,借助前文提到的引力弹弓效应。

1997年,"卡西尼-惠更斯号"正式升空,但它第一阶段的运行方向并不是土星,而是金星。在此后的两年间,"卡西尼-惠更斯号"两次飞掠金星以获得这颗行星的引力加速效应。1999年8月、2000年12月又分别飞掠地球和木星,获得了这两颗行星的引力加速效应。2004年,在经过7年的漫长旅途以及4次引力弹弓加速后,"卡西尼-惠更斯号"终于抵达土星轨道。同年12月,"卡西尼号"与"惠更斯号"分离。2005年1月,"惠更斯号"成功在土卫六表面着陆。不得不说,在分离过程和登陆过程中,地球上的科学家心中无比忐忑,因为谁都不知道已经7年没有运转的设备是不是能够按照预期正常工作,也不知道土卫六大气之下的环境究竟如何,原先准备的防护措施是否有效。万幸的是,"惠更斯号"的防御措施很是奏效,护卫探测器成功登陆。不过,由于"惠更斯号"的电池容量有限,它的正式工作时间不超过3小时(着陆后实际工作时间1.5小时)。然而,就是在这短短90分钟的工作时间中,"惠更斯号"的发现震惊了地球人。

"惠更斯号"发回的照片我们无比熟悉,简直就是地球的翻版。土卫六上似乎有河床(干涸的)、有山脉、有沟壑、有平原。河床上还布满了"石头"。可是,土卫六的表面平均温度只有-180 ℃,怎么可能有河呢？这些所谓的河床,很可能形成于土卫六的火山活动,底部铺着的"沙粒状"物质是凝结成固态的碳氢化合物,河床上的石头则是固态水冰。换句话说,土卫六上既有水,又有有机物！

图2.27 2005年1月"惠更斯号"在土卫六表面着陆后发回的地表照片。

"惠更斯号"在工作90分钟后便因失去能源而休眠了,它在这段时间内拍摄了700余张土卫六地表照片(但因设备故障,最终成功发回地球的照片只有一半),人类第一次获得了来自土卫六的第一手观测资料。

"惠更斯号"退休后,"卡西尼号"仍停留在木星轨道上。在此期间,它127次飞掠土卫六,从各个角度拍摄了这颗卫星的地表照片,并获得了大量珍贵数据。2017年,"卡西尼号"能量耗尽,出于和"伽利略号"同样的原因,身处地球的科学家指挥其一头扎进了土星大气中,完成了自己的使命。

就这样,前后历时整整20年的"卡西尼-惠更斯"任务画上了圆满的句号。这个人类历史上前所未有的伟大行星探索项目为我们提供了无数土星系统的第一手资料,更是大大增加了我们寻找地外生命的信心。

科学家们在陆续研究"卡西尼-惠更斯"任务发回的资料后发现,土卫六表面撞击坑寥寥,这表明土卫六的地表活动活跃,因为只有频繁的风蚀作用、流水作用(当然,土卫六上流动的不是水)、火山活动等才能不断刷新地表。而前面所述的所谓河床地貌,也必须有流动的液体使其保持平滑。此外,我们还在土卫六地表发现了断层线,这表明土卫六的地质活动甚至活跃到了可能出现地震现象、板块构造运动的程度。当然,由于土卫六地表温度实在太低,至少地表之上是不可能存在液态水的。这颗行星地表上的水完全以固态存在。因此,土卫六地貌结构的主要成分并不是岩石,而是硬得像石头一样的水冰!那么,问题来了:产生前文所述流水

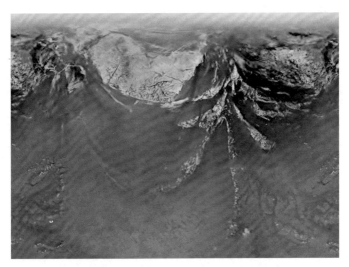

图2.28 "惠更斯号"视角下的土卫六墨卡托投影地图。

100 km

May 2012(T83)

Sep. 2006(T18) May 2012(T83) Oct. 2006(T19) May 2012(T83)

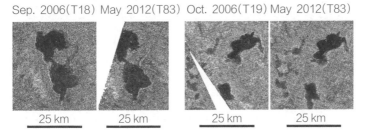

25 km   25 km   25 km   25 km

图2.29 "卡西尼号"拍摄的土卫六稳定的北部湖泊区域。

作用的液体到底是什么呢? 答案是:甲烷。

"卡西尼号"探测器曾捕捉到土卫六地表湖泊——没错,土卫六表面还有湖泊——反射的太阳光线,而湖泊中的液体正是液态甲烷(还有少量乙烷)。

更令人激动的消息是,土卫六上的甲烷就像地球上的水一样,形成了循环。土卫六地表的甲烷会蒸发升空(还记得我们之前提过土卫六大气中含有2%~3%的甲烷吗?)形成云层。然后,这些云层又会在甲烷含量达到上限之后,化为甲烷雨落回地面。土卫六地表的河床、平原等地貌很可能就是在这样的"甲烷循环"过程中形成的。

概言之,土卫六有浓厚大气,成分以氮为主;有丰富的地貌环境和活跃的地质活动(意味着有充足的内部能源);碳氢化合物含量颇丰,主要成分甲烷甚至已经形成了循环,生命所需的"营养物质",想来土卫六也是不缺的;有水,只是地表水以固态形式存在,但有液态甲烷海洋。2012年发表在《科学》期刊上的一篇文章认为,土卫六地表下还有液态海洋。若果真如此,那土卫六算得上是孕育生命的理想之地了。

不过,"卡西尼号"探测土星系统为我们带来的惊喜还不止于土卫六。

2005年,"卡西尼号"在飞掠土卫二时,发现这颗卫星地表上的裂隙中喷出了一些羽状物。这至少证明土卫二有剧烈的地质活动,内部蕴含大量能量。进一步的探测分析结果则更是令人喜出望外。土卫二地表喷出的这些羽状物的主要成分居然是水(冰和蒸汽),另外还有一些碳氢化合物!这样一来,光是从土卫二的喷射羽流这一个现象就足以说明土卫二拥有适宜生命生存的条件了!

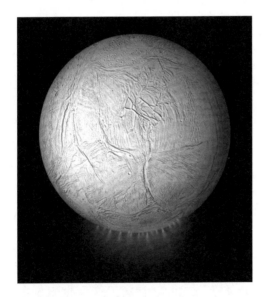

图2.30 "卡西尼号"发现的土卫二的喷射羽流,由冰粒、水蒸气和有机分子组成,从土卫二南极区域的地表裂隙中喷出。

后续研究结果也支持了这个观点。"卡西尼号"还在土卫二的喷射羽流中探测到了高于正常浓度水平的氢气分子(1%)和二氧化碳,其源头极有可能是土卫二冰层下海洋之中岩石的水热反应。

2017年4月，美国国家航空航天局召开新闻发布会公开宣布土卫二具有生命需要的全部元素。这称得上是人类探索地外生命历程中的里程碑了！

天王星和海王星系统

远在土星轨道之外的天王星系统和海王星系统，生命存在的可能性就很小了。造成这一结果的最主要原因还是天王星和海王星离太阳太远了。天王星和海王星与太阳之间的平均距离分别约为19.2个天文单位和30.1个天文单位，要知道距太阳5.2个天文单位的木星和9.6个天文单位的土星，已经因为接收的太阳能量太少而需要潮汐能和地热能作为补充才能在自己的某几颗卫星上"培育"适合生命生存的环境了。因此，就我们现在的认识来说，天王星和海王星及其卫星绝对是苦难之地，很难想象会有生命存在。

2.6 寻找太阳系外的宜居行星

系外行星指太阳系外的行星。系外行星的研究是当前天文学最热门和前沿的领域之一，因为寻找系外行星有助于我们了解生命从哪里来，有助于解答关于生命起源的终极命题。2019年，马约尔（Michel Mayor）和奎洛兹（Didier Queloz）因"发现了一颗围绕类太阳恒星运行的系外行星"而获得诺贝尔物理学奖。1995年11月，马约尔和奎洛兹在《自然》（Nature）杂志发表文章，宣布发现了第一颗系外行星——飞马座51 b。这是一颗与木星差不多大的气态行星,在银河系中绕着一颗类似太阳的恒星运动。天文学家到目前已经发现了4000多颗系外行星,而且还在不断有新发现。

因为宇宙中的恒星数量极为庞大,所以系外行星的数量显然也相当可观。不过,因为行星本身个头要比恒星小很多,自己也不发光,与地球之间的距离又很遥远,所以探测它们就成了一个大问题。以目前的观测手段,认证系外行星已经算是技术的上限了,我们还很难像分析太阳系天体那样分析系外行星的大气组成、地貌环境乃至其卫星系统。因此,现阶段对地外行星的搜索目标主要是以地球为模板,寻找个头相若、处在自己恒星宜居带之中的系外行星。

从原理上说,具体方法有以下几种:

(1)直接成像。顾名思义,就是用望远镜直接搜寻系外行星,并给它拍照。这种方法不但对望远镜的技术性能要求极高,而且对行星本身也有要求,最主要的就是行星不能离自己的恒星太近,否则就会为后者的耀眼光芒所掩盖。因此,使用这种方法搜索系外行星的局限性很大,效果也算不上理想。目前主要使用这种方法的望远镜有凯克望远镜、哈勃望远镜。前者发现了质量可能达到木星质量3倍的系外行星开普勒88d,它可能是已经确认的系外行星中质量最大的了。后者则在2008年拍摄到了第一张系外行星照片，同样个头不小。因此，这两颗系外行星都是类木行星，不太可能生存着我们熟知的生命。

（2）间接法。间接法与直接法相对。严格来说，目前我们搜寻系外行星的直接法只有直接成像这一种，其他都是间接法。毕竟，人类现在飞得最远的探测器也仍未摆脱太阳系的引力范围，载人登陆探测就更是天方夜谭了。

搜寻系外行星的间接法有很多，比如，天体测量法、脉冲星计时法、微引力透镜法等。我们在这里要重点介绍的是凌星法（掩星法）。

水星凌日、金星凌日，想必大家就算没有亲眼看见过，也一定听说过。从我们在地球上的视角看去，凌日现象发生时，会有一个小黑点从太阳视圆面上经过。这样一来，太阳的视亮度就会暂时下降。凌星法就是通过研究目标恒星视亮度的变化搜寻系外行星，并测定其大小。更为重要的是，我们也可以把凌星法应用到行星上，通过研究行星视亮度的光变曲线搜寻系外行星的卫星，并测定其大小。

战功赫赫的开普勒空间望远镜应用的基本原理就是凌星法。2009年，开普勒空间望远镜正式升空，开启了长达9年半的系外行星搜寻生涯。开普勒望远镜在它的职业生涯中共发现了2662颗系外行星,"首席行星猎手"当之无愧。要知道,在开普勒空间望远镜上天之前,确证的系外行星数量尚不足百颗。最为关键的是,这2662颗系外行星中,有相当一部分已经确认是类地行星了,其中也不乏处于恒星宜居带中的。因此,开普勒空间望远镜不但向我们证明了系外行星普遍存在,更是证明了地球这样的行星在宇宙中也绝非孤例,很可能遍地都是。这无疑给我们对地外生命的期待打了一剂强心针。

诚然,开普勒空间望远镜由于技术条件的限制,观测精度尚属粗糙,没能真正发现"宜居行星",但它的伟大发现已经成为人类地外生命搜寻史上的一个丰碑,在人类"问天"史上留下了浓墨重彩的一笔。

图2.31　TESS卫星。

在开普勒空间望远镜于2018年10月燃料耗尽之前,凌星系外行星巡天卫星(TESS)已经于2018年4月18日升空,接棒开普勒空间望远镜,完成了新老交接,继续在茫茫宇宙中寻找系外行星。TESS项目负责人、美国麻省理工学院天体物理学家里克(George Ricker)说:"我们为未来系外行星研究奠定基础,不仅是

21世纪,还包括22世纪,甚至1000年以后,TESS都以最好、最明亮的太阳系邻居体系而被铭记。"据估计,TESS的总记录应该会超过开普勒空间望远镜,而人类永远不会停下自己的探索脚步。

第3章
迈向广袤的太空

回顾了过去和现在,是时候展望未来了。

太阳系拥有(或可能拥有)适宜生命出现和发展的地点,按照距我们的远近排列(括号内为与地球之间的最近距离),依次是:火星(0.5 AU)、谷神星(1.1 AU)、木卫二(4.2 AU)、木卫三(4.2 AU)、土卫二(8.5 AU)、土卫六(8.5 AU)。这6个天体当然也是我们未来探索的重点。

就目前我们掌握的技术而言,除火星之外的5个天体距离地球都较远,探测难度大、成本极高,即便是以探测器飞掠这种成本相对较低的形式,面临的困难也极大,前文所述的"卡西尼-惠根斯"项目就是一个很好的例子。此外,这5个天体的生命奥秘,多半潜藏于地表之下的广大海洋(谷神星地表之下有没有海洋还不能完全确定)之中。这就意味着,要想真正了解它们的环境,就必须通过某种形式深入到冰盖之下,尽可能地获取更多第一手资料。当然,我们现在对地球南北极的探测,尤其是对南极冰盖下环境的探测可以算是一种很好的演练。然而,一旦把这种情景放在数亿千米之外的完全陌生的环境之下，情况究竟如何就很难说了。至于以载人登陆的形式直接对上述5个天体展开探测，那恐怕不是我们这一代人能够看得见的场面了。因此，无论是从经济角度还是从可行性角度上说，火星无疑是未来相当长一段时间内，人类探索宇宙的重要地点。

月球是一个极为重要的战略地点，原因有许多。首先当然是距离，月球与地球之间的距离仅为 $3.84×10^5$ km，相较之下，火星离我们虽近，但相距最近时也有 $5.5×10^7$ km 左右，与地球之间的最远距离甚至达到了 $4×10^8$ km。其次是经验，月球是迄今为止留有人类印记的唯一一个地外星球，我们的探月经验相当丰富，这显然能为我们的后续探测提供极大助力。最后是环境条件，任何想要"走出去"的探测器，都必须摆脱所在星球的引力，而要达成这个目标，探测器就必须达到一定速度，这个速度就叫作逃逸速度，也叫作第二宇宙速度。显然，逃逸速度与想要摆脱的星球质量（引力）呈正相关关系，星球质量越大，探测器需要达到的逃逸速度就越高，对相应火箭推力的要求就越高，成本也呈几何级数增加。就地球来说，逃逸速度是 11.2 km/s，而月球的逃逸速度仅为 2.4 km/s，显然，探测器"逃离"月球所需的发射成本要远远小于地球。此外，大气层也会对航天器的发射、着陆造成障碍，而月球没有大气，这点也会节省大量成本。另外，月球上战略资源丰富，硅、铝、稀土、贵金属等重要资源，在月球上均可就地取材。月球上还富含地球极为稀缺的氦-3，而氦-3可以充当可控核聚变的重要优质燃料。因此，无论从技术上还是成本上说,月球都是地球人类步出摇篮,迈向广袤宇宙的第一步。那么我们要如何改造月球,才能让它满足我们对未来航天事业和深空探测的需要呢?

3.1 改造月球

我们首先要明确一点,因为月球自身质量、引力实在太小,根本留不住大气,所以要想把月球改造成类似地球这样生机盎然的蓝色星球显然是不切实际的想法,至少以我们目前掌握的技术条件还难以企及这样的宏伟目标。比较现实的目标是,先在月球上建立小规模人类基地,基地内部实现生活物资基本自给自足(或者定期从地球输送),将月球作为未来深空探测的发射基地和中转站。

大致步骤如下:

(1)先把建造小规模月球基地所需的硬件物资送往月球,可以分批发送,毕竟月球上没有空气,又极为寒冷,物资登上月球后即便长时间不使用也不会损坏(但要注意辐射问题);

(2)硬件物资齐备后,送机器人前往月球,搭建月球基地;

(3)将生活用品、食物等"软"物资送往月球;

（4）机器人"试住"，模拟未来月球居民的日常生活；

（5）宇航员试住；

（6）发送搭建发射基地、生产工厂、制作车间等工业化场所的必要物资；

（7）人类和机器人协同合作，依托月球本地资源，打造人类在地球之外的第一个航天基地。

需要说明的是，以上只是笔者自己的展望，也可以说是想象，未来的月球基地未必甚至很可能不是按照这样的步骤构建的。不过，有两点现在基本可以肯定：其一，月球基地可以建、必须建；其二，对其他星球的改造行动，机器人和人工智能的戏份必然不少。这两点都是人类发展的必需，也是人类技术发展的重要成果。

3.2　再造一个地球——火星的长期改造

与月球不同，火星具备成为下一个地球的客观条件。人类有希望在未来几个世纪中将火星改造成一个适宜人类生存与发展的绿色星球。为什么这么说？我们再来简要回顾一下火星与地球的相似之处：火星与地球同处太阳系宜居带中，火星的大小和质量与地球相仿，火星日与地球日时长相若，火星与地球的轨道倾角相似,四季变换类似……太阳系内再没有比火星更可能成为下一个地球的行星了。

当然,火星与地球之间还是有很大差别的,其中有不少区别直接导致了火星没能成为地球这样生机勃勃的星球。因此,改造火星的重点就是想方设法改善这些不利生命的因素,其中包括低温(火星气温在-87~-5 ℃)、低引力(火星引力仅为地球的1/3)、稀薄大气(火星大气压仅约为地球的1%)等。

以地球为模板,笔者认为,改造火星需要解决的主要问题和主要步骤是:

(1)首先要提高火星表面温度;

(2)增加大气浓度,改变大气组分;

(3)建立火星表面生态环境;

(4)建立火星农牧业,解决粮副食品自给;

(5)建设能源和原材料工业设施;

(6)建设人类生活基础设施;

（7）实施火星旅游或火星移民。

要想移民火星，对火星客观环境的改造只是一方面。另一方面当然就是登陆火星的主体——我们人类——的身心改造。由于从地球奔赴火星的旅途漫长，一次载人登陆火星的往返任务耗时良久。这对长期居住在地球之上的人类来说，无疑是个巨大的挑战。

为此，俄罗斯组织开展了著名的"火星-500计划"，模拟从发射升空、奔赴火星（250天）、登陆火星（30天）、重返地球（240天）的人类登陆火星全过程，总耗时500天左右，故名"火星-500计划"。

2011年11月，经过重重筛选后的6名志愿者顺利结束长达500天的模拟计划，"回到地球"，其中就包括我们中国的志愿者王跃。

图3.1 "火星-500计划"志愿者，后排右一为中国志愿者王跃。

"火星-500计划"是人类第一次全方位地模拟载人登陆火星任务的全过程,具有重大历史意义,为我们研究长时间密闭环境内的人类身心状态提供了大量极有价值的数据与资料。

登陆火星、改造火星的计划不是一两代人就能实现的,但地球人已经出发。我们相信,通过几个世纪的卓越努力,必能将这颗暂时略显贫瘠的行星改造成一个拥有蔚蓝色天空、绿色平原、蓝色湖泊和生态环境友好的新世界,地球-火星也必将成为人类社会持续发展的姐妹共同体。

3.3 建造轨道空间站

除了在月球、火星这样的星球上"脚踏实地"地构建人类基地,作为进一步深空探测的中转站之外,还有一种模式也不能忽略,那就是轨道空间站。

1971年,第一座轨道空间站苏联"礼炮1号"升空。自那之后,"礼炮"系列空间站、"和平号"空间站以及国际空间站相继升空。其中,国际空间站目前仍在服役,预计于2024年退役。

我国的轨道空间站建设起步相对较晚,但已取得长足进步。2011年9月,我国研制的首个载人空间试验平台"天宫一号"升空,在轨期间成功与"神舟八号""神舟九号""神舟十号"完成对接,标

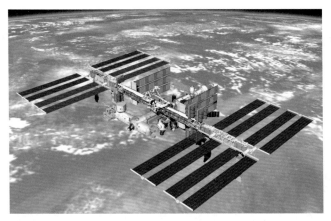

图3.2 国际空间站示意图。

志着我国成为第三个独立掌握交会对接技术的航天大国。

2016年9月，我国真正意义上的第一个空间实验室"天宫二号"升空，在轨期间成功与"神舟十一号"完成对接，宇航员景海鹏、陈冬在"天宫二号"内生活了30余天，完成了大量实验，也打破了中国航天员在空间中停留的时间纪录。

此外，我国预计在2022年前后建成"天宫实验室"，预计寿命10年，可供3人长期驻留。

我国载人航天工程按"三步走"发展战略实施：第一步，发射载人飞船，建成初步配套的试验性载人飞船工程，开展空间应用实验；第二步，突破航天员出舱活动技术、空间飞行器的交会对接技

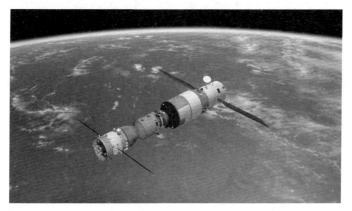

图3.3 "神舟十一号"与"天宫二号"对接示意图。

图3.4 中国"天宫实验室"在轨示意图。

术,发射空间实验室,解决有一定规模的、短期有人照料的空间应用问题;第三步,建造空间站,解决有较大规模的、长期有人照料的空间应用问题。"天宫实验室"的建成及投入使用,正是第三步中的一部分,标志着我国这一阶段载人航天工程的巨大成功。

3.4 我国深空探测的简要轮廓

除了"天宫实验室"之外,我国未来还有哪些激动人心的计划呢?又有哪些深空探测计划呢?

作为航天大国、航天强国,我国非常重视航天计划、深空探测,投入很高,各重点领域均有涉及,主要可分为月球、太阳、火星、小行星、木星这5大板块。其中,太阳和火星探测是热点。

月球

我国的探月任务总体分为"无人月球探测""载人登月""建立月球基地"三大部分。目前"嫦娥一号""嫦娥二号""嫦娥三号""嫦娥四号"和"嫦娥五号"均已顺利升空,且为我们带来了诸多珍贵资料。其中"嫦娥五号"任务探测器将由轨道器、着陆器、上升器、返回器"四器"组成,经地月转移和环月飞行,在月面选定区域着陆、采集月球样品后,经月面上升起飞、月球轨道交会对接、月地转移和再入回收等过程,将月球样品安全送至地面,实现月球采样返回。"嫦娥六号""嫦娥七号""嫦娥八号"均已在规划之中。

图3.5 "嫦娥四号"着陆器监视相机C拍摄的"玉兔二号"月球车。

太阳

太阳上存在生命的可能性极低,但这颗恒星对我们今后的探测任务影响极大。更好地了解太阳、认识太阳,是地球人类进一步探索宇宙的基础。

早在2003年,我国科学家就制定了一个宏伟的太阳探测计划——"夸父计划"。

理想中的"夸父计划"由3颗卫星组成:将卫星A(夸父A)发送

至太阳与地球的拉格朗日点 L_1 上,将卫星 B_1、B_2(夸父 B 双星)发送至地球极轨大椭圆轨道上,3 颗卫星协同合作,实现对太阳的 24 小时全天候观测。这一计划发布后引起了国内外的广泛关注,包括德国、法国、比利时、奥地利、加拿大在内的 10 余个国家的科学家均计划参与。如果"夸父计划"顺利实施,那么它将成为我国主导的第一个国际航天合作项目。遗憾的是,2008 年开始的金融风暴严重打击了欧美各国的经济,原本计划参与"夸父计划"的各成员国宇航局预算均有不同程度的削减,加之其他种种因素,这一伟大而超前的计划只得暂时搁置。

不过,2022 年(太阳的下一个活动峰年)前后,我国的先进天基太阳天文台(Advanced Space-based Solar Observatory,简称 ASO-S)就将发射升空。ASO-S 是我国太阳物理界在 2011 年自主提出的一个太阳空间探测卫星计划方案。ASO-S 计划以太阳活动第 25 周峰作为契机,实现我国太阳卫星探测零的突破。中国科学院 2017 年 12 月 29 日正式批准先进天基太阳天文台卫星工程立项申请,这标志着 ASO-S 卫星工程正式进入工程研制阶段。ASO-S 的科学目标简称为"一磁两暴","一磁"即太阳磁场,"两暴"指太阳上两类最剧烈的爆发现象——耀斑爆发和日冕物质抛射,即观测和研究太阳磁场、太阳耀斑和日冕物质抛射的起源及三者之间可能存在的因果关系。为此,ASO-S 上共安排三个主要载荷:全日面矢量磁象仪(Full-disc Vector MagnetoGraph,简称 FMG)用来观测太阳光球矢量磁场;太阳硬 X 射线成像仪(Hard X-ray Imager,简称 HXI)用来观测太阳耀斑非热物理过程；莱曼阿尔法太阳望远镜（Lyman-alpha Solar Telescope，简称 LST）主要用来观测日冕物质抛射的形成和早期演化。ASO-S 独特的载荷组合将首次实现在一颗卫星上同时观测太阳全日面矢量磁场、太阳耀斑高能辐射成像和日冕物质抛射的近日面传播，力争在当代太阳物理前沿领域"一磁两暴"观测和研究方面取得重大突破，揭示太阳磁场演变导致太阳耀斑爆发和日冕物质抛射的内在物理机制，在拓展人类知识疆野的同时，也为严重影响人类生存环境的空间天气提供预报的物理基础。

ASO-S 卫星的科学目标为：（1）同时观测太阳耀斑和日冕物质抛射，研究太阳耀斑和日冕物质抛射的相互关系和形成规律；（2）观测全日面太阳矢量磁场，研究太阳耀斑爆发和日冕物质抛射

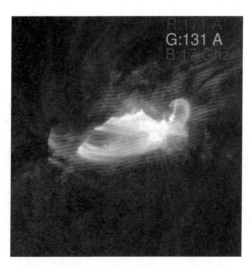

图3.6 一个太阳耀斑在171 Å、131 Å的极紫外观测结果和17 GHz的射线成像观测结果的合成图。

与太阳磁场之间的关系;(3)观测太阳大气不同层次对太阳爆发的响应,研究太阳爆发能量的传输机制及动力学特征。ASO-S卫星的工程目标为:研制一颗太阳观测卫星,研制一枚运载火箭,将卫星送入预定轨道。完成运载火箭和卫星的测控任务,确保卫星正常运行。开展地面支撑系统和科学应用系统研制建设,具备支持有效载荷在轨运控和科学观测数据的接收、管理、传输、分析处理以及向国内外数据用户发布的能力,为科学目标的实现提供可靠数据。

"夸父计划"虽然暂时搁浅,但炎黄子孙永远不会放弃对太阳奥秘的探寻。

火星

2020年7月23日,我国第一个火星探测器"天问一号"成功发射,为我国的行星探测事业迈出了坚实的第一步。在勤劳勇敢的中华儿女的集体努力下,展望已经变成了现实! 中国首次火星探测的科学目标是:通过环绕探测,开展火星全球性和综合性的探测;通过巡视探测,开展火星表面重点地区高精度、高分辨率的精细探测。具体科学目标包括:

(1)研究火星形貌与地质构造特征。探测火星全球地形地貌特征,获取典型地区的高精度形貌数据,开展火星地质构造成因和演化研究。

（2）研究火星表面土壤特征与水冰分布。探测火星土壤种类、风化沉积特征和全球分布，搜寻水冰信息，开展火星土壤剖面分层结构研究。

（3）研究火星表面物质组成。识别火星表面岩石类型，探查火星表面次生矿物，开展表面矿物组成分析。

（4）研究火星大气电离层及表面气候与环境特征。探测火星空间环境及火星表面气温、气压、风场，开展火星电离层结构和表面天气季节性变化规律研究。

（5）研究火星物理场与内部结构。探测火星磁场特性，开展火星早期地质演化历史及火星内部质量分布和重力场研究。

2030年前，我国火星探测的主要任务是环绕遥感探测、软着陆巡视探测和采样返回，实现对火星从全球普查到局部详查再到样品实验室分析的科学递进。通过环绕遥感探测，实现火星表面和大气的全球性与综合性调查，主要包括火星土壤和水冰分布，全球形貌、物质成分、地质构造和大气总体特征，火星表面变化特征。局部区域详查主要包括探明其地质构造和形貌特征，为软着陆巡视探测和采样返回提供基础数据；通过软着陆巡视探测，获得形貌、岩石、土壤、物质成分和气象特征等就位和巡视探测数据，为火星资源环境和科学研究提供基础资料。通过采样返回，获得火星样品,进行系统的实验室分析,研究火星岩石或土壤样品的结构、物理特性、物质组成,深化对火星成因和演化历史的认识。

环绕遥感探测的科学目标着眼于对火星的全球性探测,致力于建立火星的总体、全局的科学概念;软着陆巡视探测科学目标着眼于对火星局部地区的重点探测,主要开展火星科学试验;采样返回的科学目标着眼于着陆点的现场调查与分析、火星样品的分析研究,主要开展比较行星学研究。

火星探测等深空探测任务的逐步推进是一项长期而艰巨的工程,但我们相信,火星必将是21世纪人类踏上的第一颗地外行星。

小行星

现阶段,我国的深空探测计划主要是以火星为重点,但小行星(彗星)、木星乃至太阳系边缘的探测项目均已有雏形。我国小行星(彗星)探测任务目前正处于论证阶段。按照科学家现在的构想,我国未来的小行星探测也会像这次探测火星一样,一次发射实现多个目标。就小行星(彗星)探测而言,我们期待实现的任务目标主要是两个:一是近地小行星取样返回;二是绕飞探测主带彗星。目标二的任务过程相对容易理解,主要就是将探测器发送至彗星附近,实现绕飞探测,但其中很可能需要利用"弹弓效应"为探测器提速。目标一的流程则要复杂一些,探测器不仅需要绕飞近地小行星,还需择机附着在小行星上,完成采样,随后携带样品返

回地球。按照目前的计划,小行星探测任务前后总耗时可能约为
10年。

木星

　　同小行星探测一样,我国对木星及其卫星系统的探测计划目
前也仍处于论证阶段,预计将于"十五五"(2026~2030年)期间立
项。一切顺利的话,"十七五"(2036~2040年)期间,我们的探测器
就可以抵达木星轨道了。

| 结 语

　　生命是个奇迹，宇宙同样也是个伟大奇迹。我们已经探知，即便是在小小的太阳系中，至少也有四五处看起来适宜生命生存的地点。这偌大的宇宙中，若是真的只有我们人类一种智慧生命，是否显得太过荒凉了些？即便事实真的如此残忍，那我们人类也应该亲自证明，自己才是宇宙的唯一宠儿。

　　星空浩瀚无比，探索永无止境。我们相信，通过一代又一代航天人的不懈努力，中国的深空探测一定会不断取得突破。

拓展阅读

1. 埃尔温·薛定谔. 生命是什么[M]. 仇万煜,左兰芬,译. 海口:海南出版社,2016.

2. 卞毓麟. 探索地外文明[M]. 南宁:广西教育出版社,2003.

3. 陈庆. 托马斯·阿奎那《论法的本质》章句疏证[M]. 北京:人民出版社,2017.

4. 弗里德里希·恩格斯. 反杜林论[M]. 中共中央马克思恩格斯列宁斯大林著作编译局,译. 北京:人民出版社,2018.

5. 侯德封,欧阳自远,于津生. 核转变能与地球物质的变化[M]. 北京:科学出版社,1974.

6. 欧阳自远,王世杰,张福勤. 天体化学:地球起源与演化的几个关键问题[J]. 地学前缘,1997(Z2):179-187.

7. 欧阳自远,邹永廖. 火星科学概论[M]. 上海:上海科技教育出版社,2015.

8. 斯蒂芬·韦伯. 如果有外星人,他们在哪:费米悖论的75种解答[M]. 刘炎,萧耐园,译. 上海:上海科技教育出版社,2019.

9.《天问Ⅰ》编写组. 天问Ⅰ[M]. 上海:上海科技教育出版社,2016.

10. Lewis Dartnell. LIFE IN THE UNIVERSE: A Beginner's Guide [M]. Oxford: Oneworld Publications, 2007.

图片来源

部分图片来自美国国家航空航天局：
图 I；图 III；图 1.2；图 1.9；图 1.13；图 1.14；图 1.19；图 1.20；图 2.4；图 2.5；图 2.6；图 2.8；图 2.9；图 2.10；图 2.11；图 2.12；图 2.13；图 2.14；图 2.15；图 2.16；图 2.17；图 2.18；图 2.19；图 2.20；图 2.21；图 2.22；图 2.23；图 2.24；图 2.25；图 2.26；图 2.27；图 2.28；图 2.29；图 2.30；图 2.31；图 3.2。

部分图片来自欧洲航天局：
图 2.10；图 2.11。

部分图片来自中国探月与深空探测网：
图 1.3；图 2.1；图 2.2；图 3.5。

部分图片来自中国载人航天工程网：
图 3.3；图 3.4。

部分图片来自先进天基太阳天文台：
图 3.6。

部分图片来自 FAST：
图 2.3。

部分图片来自美国地质调查局：
图1.7。

部分图片来自维基百科网站：
图1.1；图1.4；图1.5；图1.6；图1.8；图2.7。

部分图片来自：
图Ⅱ Planetary Habitability Laboratory, University of Puerto Rico at Arecibo；图1.16 Schopf, 1993；图1.21 Kerr, 1996；图1.22 林杨挺；图3.1 火星–500计划。

图书在版编目(CIP)数据

地外生命寻踪/欧阳自远,王乔琦著.—上海:上海科技教育出版社,2020.12

("科学家之梦"丛书)

ISBN 978-7-5428-7408-5

Ⅰ.①地… Ⅱ.①欧… ②王… Ⅲ.①地外生命-普及读物 Ⅳ.①Q693-49

中国版本图书馆CIP数据核字(2020)第234642号

丛书策划　卞毓麟　王世平　匡志强
责任编辑　王世平　王　洋
封面设计　杨艳渊
版式设计　杨　静

上海文化发展基金会图书出版专项基金资助项目

"科学家之梦"丛书

地外生命寻踪

欧阳自远　王乔琦　著

出版发行　上海科技教育出版社有限公司
　　　　　(上海市柳州路218号　邮政编码200235)
网　　址　www.sste.com　www.ewen.co
经　　销　各地新华书店
印　　刷　上海颛辉印刷厂有限公司
开　　本　890×1240　1/32
印　　张　4.5
版　　次　2020年12月第1版
印　　次　2020年12月第1次印刷
书　　号　ISBN 978-7-5428-7408-5/N·1112
定　　价　35.00元